자연과 인문을 버무린

과학비빔밥 1

_인간 편

자연과 인문을 버무린

인간 편

과학비빔밥1

초판 2쇄 발행일 2022년 11월 10일
초판 1쇄 발행일 2021년 4월 9일

지은이 권오길
펴낸이 이원중

펴낸곳 지성사 **출판등록일** 1993년 12월 9일 **등록번호** 제10-916호
주소 (03458) 서울시 은평구 진흥로 68, 2층
전화 (02) 335-5494 **팩스** (02) 335-5496
홈페이지 www.jisungsa.co.kr **이메일** jisungsa@hanmail.net

ISBN 978-89-7889-462-3 (44470)
　　　978-89-7889-461-6 (세트)

잘못된 책은 바꾸어드립니다. 책값은 뒤표지에 있습니다.

청소년을 위한 과학 읽기

자연과 인문을 버무린

과학비/빔밥 1

인간 편

권오길 지음

 지성사

필자가 우리 고유어(토박이말)를 많이 쓴다 하여 '과학계의 김유정'이란 소리를 듣기도 합니다. 또 50권이 넘는 생물 수필(biology essay) 책을 썼고, 지금도 여러 신문과 잡지에 원고를 보내고 있으니 생물 수필 쓰기에 거의 평생을 바쳤다 해도 지나친 말이 아닐 것입니다. 글에 고유 토속어를 즐겨 쓰는 것은 물론이고, 참 많은 속담, 관용구(습관적으로 쓰는 말), 고사성어(옛이야기에서 유래한 한자말), 사자성어(한자 네 자로 이루어진, 교훈이나 유래를 담고 있는 말)를 인용(끌어다 씀)하였지요. 생물 속담, 관용어 등등에는 그 생물의 특성(특수한 성질)이 속속들이 녹아 있기 때문에 그렇습니다.

다시 말하지만 선현(옛날의 어질고 사리에 밝은 사람)들의 삶의 지혜(슬기)와 해학(익살스럽고도 품위가 있는 말이나 행동)이 배어 있는 우리말에는 유독 동식물을 빗대 표현하는 속담이나 고사성어가 많은데, 이를 자세히 살펴보면 거기에 생물의 특징이 고스란히 담겨 있음을 알 수 있습니다. 그래서 속담이나 고사성어들에 깃든 생물의 생태나 습성을 알면 우리말을 이해하고 기억하는 것이 보다 쉬워진답니다.

필자는 이미 일반인을 위한 『우리말에 깃든 생물 이야기』(여기서 우리말이란 속담, 관용어, 사자성어 따위를 뜻함) 6권을 펴냈습니다. 그런데 그 책들을 낸 뒤에 가만히 생각하니 우리 청소년을 위한 책을 내야겠다는 생각이 문득 들었습니다. 대신에 인간(우리 몸), 동물, 식물을 따로 한 권씩 묶어 출판하고자 마음먹었지요.

이순신 장군의 시 「한산섬」에는 인간의 몸 일부가 들어 있습니다. "한산섬 달 밝은 밤에 수루에 홀로 앉아 긴 칼 옆에 차고 깊은 시름 하는 적에 어디서 일성호가는 남의 애를 끊나니."에 나오는 '애'란 '장(腸, 창자)'의 순우리말입니다. "애가 터지다", "애(애간장)를 태우다"란 마음과 몸의 수고로움을 빗대서 이르는 말이랍니다. 물론 이 관용구의 '애'도 마찬가지로 창자를 일컫습니다. 또 「단장의 미아리고개」란 오래된 노래도 있지요? 여기서 단장(斷腸)이란 몹시 슬퍼서 창자(애)가 끊어지는 아픔을 말합니다.

사람의 창자 중 소장(작은창자)은 길이가 6~7미터이고, 대장(큰창자)은 1.5미터 정도로 사람마다 조금씩 다릅니다. 이렇게 긴 창자가 어떻게 가로세로로 한 뼘 남짓한 뱃속에 들었을까요? 한마디로 창자가 꼬불꼬불 꼬이고 포개져 있기 때문입니다. 라면 하나의 길이가 50미터나 되는 것은 국수 가닥이 꼬인 탓이듯이 말입니다.

그렇습니다. 속담(俗談)이란 예로부터 일반 백성(민초, 民草)들 사이에 전해오는, 오랜 생활 체험을 통해 생긴 삶에 대한 교훈 따위를 간결하게 표현한 짧은 글(격언)이거나, 가르쳐서 훈계하는 말(잠언)

이기도 합니다. 그래서 속담엔 옛날 사람들이 긴긴 세월 동안 생물들과 부대끼며 살아오면서 생물을 관찰, 경험(체험)하고 또 인생살이에서 여러 가지 보고 배우며 느낀 것이 묻어 있지요. 다시 말해 속담엔 한 시대의 인문·역사·과학·자연·인간사들이 그대로 녹아 있어서 어렴풋이나마 그 시대의 생활상을 엿볼 수 있습니다. 그리고 무엇보다 보통 사람들의 익살스럽고(남을 웃기려고 일부러 하는 우스운 말이나 행동) 해학(유머, 위트)적인 삶이 그대로 스며 있습니다.

교훈이나 유래를 담은 한자 성어나, 우리가 습관적으로 자주 쓰는 관용어(관용구)도 속절없이 속담과 크게 다르지 않습니다. 간단하면서도 깔끔한 관용어 한마디는 사람을 감동시키거나 남의 약점을 아프게 찌를 수도 있답니다.

끝으로 이 책에는 인간(우리 몸)에 관한 대표적인 내용 60꼭지를 골라서 썼습니다. 무엇보다 이 책을 읽고, 생물을 이해하는 데 큰 도움이 되었으면 합니다. 또한 이런 생물 수필을 자주 읽고, 많이 써보아서 나중에 훌륭한 논문을 더 잘 쓸 수 있게 되길 바랍니다. 우리나라 일부 유명 대학과 세계적으로 이름난 대학에서 과학 글쓰기를 강의하는 까닭도 사고의 폭을 넓힐뿐더러 좋은 논문 쓰기에도 그 목적이 있는 것입니다. 젊은 독자 여러분들의 행운을 빕니다!

권오길

인간

일러두기

1. 본문의 외래어 표기는 국립국어원의 표기 원칙을 주로 따랐다.
2. 책의 제목은 『』로, 작품의 제목(시, 시조, 소설 등)은 「」로 나타냈다.
3. 생물 분류에서 과(科) 이름은 알아보기 쉽도록 사이시옷을 빼고 표기하였다.
    (예: 족제빗과 ⇨ 족제비과)
4. 사진(그림) 출처는 책의 뒤쪽에 따로 실었다.

인간

머리

결정적인 감각기관들이 모인 곳

머리(두, 頭, head)는 뇌·눈·입·코·귀와 같은 감각기관들이 있는 곳으로 아주 복잡한 구조를 하고 있다. 정신과·신경과·안과·치과·이비인후과 의사들이 평생 매달리는 감각기관이 바로 이 머리에 있다. 그리고 사람의 몸 중에서 1퍼센트도 채 알려지지 않은 '비밀의 창고'가 뇌(골, brain)이다.

어른의 머리는 무게가 약 5킬로그램으로 7개의 경골(목뼈)이 받치고 있는데, 무거운 머리를 떠받쳐야 해서 목이 척추원반탈출증(디스크, disk)에 걸리기 쉽다.

뇌는 중추신경계로 머리에 자리하여 운동과 지각·감정·기억·학습을 도맡고 있다. 신생아의 뇌는 400그램 정도이지만 성인 남자는 1400그램, 성인 여자는 1250그램 남짓이다.

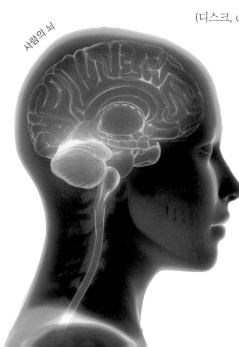

사람의 뇌

사람의 뇌를 구성하는 신경세포(뉴런)는 1천억 개가 넘는다. 이 가운데 약 19퍼센트는 대뇌(큰골)피질(바깥층)에 있고, 80퍼센트는 소뇌(작은골)에 들었다. 뇌는 몸무게의 2퍼센트에 지나지 않지만 우리가 먹는 양분의 20퍼센트를 소비하고, 특히 전체 포도당의 70퍼센트를 쓴다. 뇌의 활동에는 포도당이 꼭 있어야 하며, 그것도 가장 많이 필요로 한다는 이야기다.

또 왼쪽 대뇌반구는 신체의 오른쪽 절반을, 오른쪽 대뇌반구는 왼쪽 절반을 지배한다. 그래서 왼쪽 뇌를 심하게 다치면 오른쪽이 반신불수가 되고, 오른쪽이 상하면 왼쪽 반을 마음대로 못 쓰게 된다. 몸이 늙으면 뇌도 따라 낡아서 노망·치매·파킨슨병 따위에 걸린다.

정수리(머리꼭지)에는 숫구멍이 있으니, 숫구멍(숨구멍)이란 갓난아이의 정수리뼈가 굳지 않아서 숨 쉴 때마다 발딱발딱 뛰는 곳을 이른다. 머리 가마는 정수리의 머리털이 시계 방향이나 시계 반대 방향으로 꼬이는 현상으로 외가마나 쌍가마 말고도 가끔 세 가마도 있다고 한다. 조사에 따르면 거의 대부분이 시계 방향으로 배배 꼬이고, 오른손잡이는 8.4퍼센트, 왼손잡이는 45퍼센트가 시계 반대 방향으로 말린다고 한다. 한편 머리의 뒷부분을 뒤통수(뒷골, 뒷머리)라 하고, 뒷머리의 한가운데를 꼭뒤라 한다.

머리 꼭대기에 올라앉다 상대방의 생각이나 행동을 아주 꿰뚫다.

머리 없는 놈 댕기 치레한다 본바탕에 어울리지 않게 지나치게 겉만 꾸민다.

머리 위에 무쇠 두멍이 내릴 때가 멀지 않았다 죽을 날이 가까워졌다는 말. 여기서 '두멍'이란 큰 가마나 독을 가리킨다.

머리(꼭뒤 / 이마)에 피도 안 마르다 아직 어른이 되려면 멀었다, 또는 나이가 어리다.

머리가 굳다 사고방식이나 생각 따위가 매우 고집스럽다.

머리를 굴리다 머리를 써서 해결법을 생각해내다.

머리를 얹다(올리다) 여자가 시집을 가다, 또는 어린 기생이 정식으로 기생이 되어 머리털을 틀어 올리다(쪽찌다).

머리에 쥐가 나다 싫고 두려운 마당에 마음이나 생각이 없어지다.

바위에 머리 받기 대들어도 도저히 이길 수 없음을 비꼬아 이르는 말.

사흘 책을 안 읽으면 머리에 곰팡이가 슨다 잠시라도 책을 안 읽고 지내면 머리가 우둔해진다는 말.

쇠꼬리보다 닭대가리(머리)가 낫다 크거나 훌륭한 것 중에 끄트머리에 있는 것보다는 대수롭지 않은 데서라도 우두머리 하는 것이 나음을 이르는 말.

엎어진 놈 꼭뒤 차기 불우한 처지를 당한 사람을 더욱 괴롭힌다는 말.

머리카락

6년이면 수명을 다한다고?

    사람은 일반 포유류와 달리 머리에만 털이 많아서 '머리에 털 난 짐승'이라고 하면 흔히 사람을 일컫는다. 원숭이나 말 따위의 짐승(포유류)은 몸 전체에 털이 고루 나는 데 비해 사람은 온몸의 털이 홀랑 퇴화하여 정작 머리에만 두드러지게 숱이 많다.

    한 사람의 머리숱은 평균하여 10만 개다. 하루도 거르지 않고 75개 정도가 숭숭 빠지며, 빠진 만큼 새로 난다. 보통은 1년에 15센티미터 남짓 자라는데, 6년이면 수명을 다하고 영영 빠지고 만다. 그래서 한자리의 털이 15번 빠지면 어느덧 졸수(아흔 살)가 된다. 머리털은 두개골(머리뼈)이 다치거나, 춥고 더운 갑작스런 온도 변화를 막아준다.

    혈액순환이 빨라져 털에 영양 공급이 원활한(잘되어 나가는) 봄여름에는, 그렇지 못한 한겨울에 비해 10퍼센트 가까이 빨리 자라고, 건강하지 않거나 늙으면 자람이 한결 느려진다. 턱수염 하나도 건강할 적에 쑥쑥 자란다고 하지 않는가.

    나이가 들면 머리카락이 턱없이 성글어지고 속이 텅텅 비게 되어 빈자리에 공기가 가득 들어차면서 새하얘진다. 원래 어느 털이나 속에 공기가 조금씩 든다. 살 밑에서 털이 만들어질 땐 검은 색소(멜라닌)가 털뿌리에 녹아들지만, 중병을 앓거나 심한 스트레스를 받고 영양 상태가 좋지 못하면 멜라닌이 제대로 쌓이지 못하고 공기만 들어찬다. 그래서 머리카락이 푸석푸석해지면서 기름기를 잃는 것이다.

하얗게 센 백발(은발)은 멜라닌이 적거나 아주 없어진 탓이기도 하지만 대통처럼 비어서 거기를 채우고 있는 공기가 큰 몫을 한다. 햇살 받은 머리털 속의 공기가 빛을 산란(여러 방향으로 흩어지는 현상)시키기에 털이 희게 보인다는 것. 그런데 털 속이 더 많이 비면 털이 되레 누르스름해진다. 실은 눈송이가 흰 것도 송이송이 틈새에 든 공기 탓이요, 흰 꽃이 하얗게 보이는 것도 세포 사이에 있는 공기 산란 때문이다. 털 하나도 화학(멜라닌색소)과 물리(빛의 산란)라는 과학을 품고 있다!

전자현미경으로 100배 확대한 머리카락

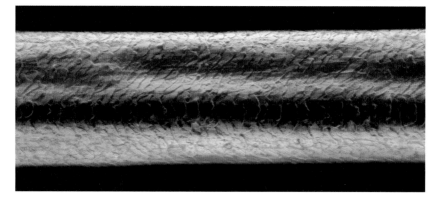

머리털 지름은 0.18밀리미터 안팎이고, 개인이나 인종에 따라 머릿결이 달라 곧은 머리카락(직모, 直毛), 반곱슬머리(반권모), 곱슬머리(권모, 捲毛) 등 가지각색이다. 쪽 곧은 머리카락의 단면은 둥그스름하지만 반곱슬머리는 타원형에 가깝고, 곱슬머리는 삼각형 비슷하다. 새까맣고 뱅글뱅글 꼬인 곱슬머리는 햇빛의 자외선(넘보라살)을 막아주는데, 아프리카 같은 빛이 세고 더운 곳 사람들의 머리털이 그렇다.

자, 이제 긴 머리카락 하나를 두 엄지손가락 위에 올려놓고 양 손가락을 꼼작꼼작 좌우로 움직여보자. 분명히 털이 한쪽으로 움직여갈 것이다. 털의 겉이 매끈하지 않고 기왓장을 포개놓은 듯 까칠한 탓이다. 보통 머리 빗질을 할 때 그렇듯 털뿌리에서 털끝 쪽으로 빗으면 머리가 가지런히 제자리를 잡지만, 반대로 빗질을 하면 헝클어지는 것도 그 때문이다.

'제비초리'란 일부 사람에게만 보이는, 뒤통수 아래에 뾰쪽하게 내민 머리털로 그 모습이 제비꼬리를 닮았다 하여 붙인 이름이다. 그것은 자식에게 유전되고, 모양에 따라 V형, W형, M형 등이 있지만 가장 대표적인 것은 V형이다. 그리고 머리털이 많이 빠져 민숭민숭 벗겨진 머리를 대머리(민머리)라 한다. 대머리는 사춘기 이후의 남자와 여자(남자보다 적음)에게서 발생하는 일종의 탈모 현상으로, 유전적(내림) 소인과 남성호르몬 탓에 생긴다.

검은 머리 가진 짐승은 구제 말란다 사람이 은혜를 갚지 않음을 핀잔하여 비꼬아 이르는 말.

곱슬머리 옥니박이하고는 말도 말랬다 고수머리와 안으로 옥게(안쪽으로 오그라지게) 난 이를 가진 사람은 흔히 인색하고 매정하다는 말.

두루미 꽁지 같다 머리카락이나 수염이 짧고 더부룩하다.

머리가 모시바구니가 되었다/서리를 이다 머리카락이 하얗게 세다.

머리를 깎다 승려가 되거나 교도소에 복역하다. 또는 군대를 가거나 새로운 다짐을 하다.

머리를 풀다 상을 당하다.

머리에 서리가 앉다 머리카락이 희끗희끗하게 썩 세다.

머리에 털 나고 태어나서.

머리카락에 홈 파겠다 성격이 옹졸하거나 솜씨가 매우 정교하다는 말.

머리털을 베어 신발을 삼다 어떤 수단 방법(꾀)을 써서라도 자기가 입은 은혜는 잊지 않고 꼭 갚겠다는 말.

삼단 같은 머리 숱이 많고 긴 머리.

중이 제 머리 못 깎는다 반드시 남의 손을 빌려야만 함을 빗대어 이르는 말.

얼굴(낯)

광대뼈가 솟은 이유는?

얼굴(안면, 顔面, face)이란 이목구비(耳目口鼻, 귀·눈·입·코)가 있는 머리 앞면을 일컫고, 낯·낯짝·면목·안면·면 따위로 불리기도 한다. 얼굴은 그 사람을 나타내는 중요한 부위로 얼굴의 중심은 누가 뭐라 해도 눈매에 있다. "사람은 생긴 대로 산다."고 했던가. 얼굴에는 한 사람이 살아온 역사가 쓰이기에 관상(얼굴 생김새)을 보고 운명·성격·수명 따위를 판단한다.

동물 중에서는 사람만이 웃을 수 있다고 하는데 특히 입과 눈 둘레의 근육들이 미소를 짓게 한다. 또 사람의 안면근(얼굴 근육)은 감정의 변화에 따라 여러 가지 얼굴 표정을 지으므로 표정근이라고도 한다.

얼굴은 한 사람의 건강을 가늠하는 잣대로 몸이 튼튼하면 안면 피부도 고운 법이다. 주름은 노화(늙음)의 자연스러운 현상으로 탱탱했던 피부가 거칠어지면서 깊은 주름이 진다. 주름을 인생이 흘린 눈물자국이라 했던가. 센 자외선을 피하고, 채소, 과일을 많이 먹으면서 수분 섭취를 넉넉히 해야 피부가 건강하다.

사람만이 지을 수 있다는 웃는 얼굴

얼굴만 오직 오관(눈·코·귀·혀·피부)을 다 갖추었다. 얼굴에는 조상들이 살아온 흔적이 고스란히 담겨 있다. 한국인(몽골족)은 어림짐작으로 약 2만 5000년 전, 심한 추위(빙하기) 때 동부 시베리아에서 부대끼며 살았고 얼굴 하나만도 추위를 견뎌내려고 여러 모로 적응하였다.

뭉뚱그려 보면 몽골인은 얼굴 피부가 황색이고, 머리털은 검고 뻣뻣하며, 몸의 털(체모)은 적다. 얼굴은 평퍼짐하게 옆으로 퍼지면서 높이가 짧고, 눈알을 보호하기 위해 광대뼈가 우뚝 솟았으며, 열 손실을 줄이려고 콧등이 낮아졌고, 눈(홍채)은 갈색 또는 흑갈색이다. 혹한(몹시 심한 추위)에 눈동자 노출을 줄이려고 몽고주름이 생겼고, 눈밭(설원)에서 반사되는 자외선을 줄이도록 쌍꺼풀이 없어졌으며, 눈알이 작아졌고, 입술은 열 빼앗김을 줄이려고 얄팍해졌다. 또 육포 따위를 먹어 이와 턱이 커졌고, 몸에서 나는 냄새(체취)는 세계에서 가장 적다.

그런데 서구화에 따라 서양인을 닮겠다고 애꿎게도 몽고주름을 없애는 앞트임, 쌍꺼풀·코·턱 성형수술이 유행하는데, 수술로 얼굴은 바뀌겠지만 모름지기 유전자는 결코 바뀌지 않음을 마음에 새겨야 할 것이다.

개구리 낯짝에 물 붓기 어떤 자극을 주어도 조금도 먹혀들지 않거나 어떤 일을 당해도 태연(천연스러움)함을 이르는 말.

개똥 밟은 얼굴 좋지 않은 일로 일그러진 얼굴.

낯을 못 들다 창피하여 남을 떳떳이 대하지 못하다.

낯이 넓다 오지랖이 넓어 아는 사람이 많다.

밥이 얼굴에 더덕더덕 붙었다 얼굴이 복스럽게 생겨서 잘살 수 있을 인상이다.

얼굴 가죽 / 낯짝이 두껍다 부끄러움이나 염치(얌통머리)가 전혀 없다.

얼굴보다 코가 더 크다 기본이 되는 것보다 곁달린 것이 더 크거나 많다.

얼굴에 모닥불을 담아 붓듯 몹시 부끄러운 일을 당하여 얼굴이 화끈거림을 빗대어 이르는 말.

얼굴에 외꽃이 피다 얼굴이 싯누렇게 떠 병색(병기)이 짙다.

얼굴이 꽹과리 같다 사람이 염치가 없고 뻔뻔스럽다.

얼굴이 넓다 사귀어 아는 사람이 많다(오지랖이 넓다).

웃는 낯에 침 뱉으랴 살갑게 대하는 사람에게 나쁘게 대할 수 없다는 말.

저녁 굶은 시어미 상(상판대기) 잔뜩 찌푸린 얼굴, 또는 날씨가 흐려서 음산함을 비유하여 이르는 말.

제 얼굴(낯)에 침 뱉기 남을 해치려다가 도리어 자기가 해를 입게 되다.

제 얼굴은 제가 못 본다 자기의 허물은 자기가 잘 모른다.

조선 사람은 낯 먹고 산다 우리나라 사람은 너무 남의 눈치를 본다는 말.

족제비(빈대)도 낯짝이 있다 지나치게 염치가 없는 사람을 나무랄 때 쓰는 말.

눈썹

물막이 구실을 한다고?

겉눈썹(미모, 眉毛, eyebrow)은 도드라진 눈알 뼈의 위(눈두덩)를 따라 활 모양으로 난 털을 말하며, 위아래 눈시울에 난 속눈썹 또한 눈썹이다. 여성들의 맵시내기 중 하나가 눈썹다듬기일 터인데 겉눈썹은 진하게 연필로 색칠하고, 속눈썹에는 길쭉하고 뻣뻣한 '솔잎' 같은 가짜 털을 붙인다. 둘 다 눈알을 또렷하게 돋보이게 하기 위함이다. 그리고 눈썹사이를 미간이라 하는데, 평소 뭔가 하나에 몰두하거나 습관적으로 미간을 찌푸리는 사람은 눈썹사이에 세로로 '내천(川) 자'가 생긴다. 이른바 '번뇌의 주름'말이다.

눈썹은 어림잡아 5~6센티미터이고, 눈썹 모양은 인종과 연령에 따라 다 다르다. 기본형, 직선으로 곧은 일자형, 둥그스름한 아치형, 중간과 끝 사이가 아래로 살짝 꺾인 각진 형, 눈썹꼬리가 우뚝 치솟은 형, 안쪽만 숱이 많은 반토막형 눈썹들이 있다. 그런가 하면 눈썹이 숲처럼 길고 배좁게(매우 좁게) 나는 숱진 눈썹이 있고, 촘촘하지 아니한 듬성드뭇한 눈썹도 있다. 어쨌든 눈썹이 없으면 얼굴 꼴이 말이 아니다.

몸의 모든 털은 생장기·퇴행기·휴지기를 반복한다. 머리카락의 생장기는 2~6년 정도인 데 비해 눈썹은 얼추 4~8주가 되는 탓에 눈썹이 더 길게 자라지 못해 머리털보다 짧다. 그런데 눈썹은 결코 겉치레로 나 있는 것이 아니다. 덩그런 눈썹이 활 모양인 데다 눈썹 털이 옆으로 누운 탓에 이마에 떨어진 땀방울이나 물방울이 엔간해서는 눈으로 바로 들지 않고 옆으로 휘돌아 흐른다. 한 굽(한쪽으로 트여 나가는 방향이나 길)으로 흐르게 하는 일종의 물막이인 셈이다.

동서고금을 막론하고 많은 사람들이 여러 가지 이유로 피부 깊숙이 먹물(탄소 알갱이)을 바늘로 촘촘히 꽂고 찔러 침투시켜 글씨나 무늬를 새기니 그것이 문신이다. 아주 옛날엔 죄지은 사람을 이마나 팔뚝의 살을 따고, 홈을 내어 먹물로 죄명을 써서 먼 변두리로 귀양 보냈다. 소나 돼지 엉덩이에 '불도장(낙인)'을 찍는 것도 일종의 문신이다.

여하튼 죽은 세포나 세균·바이러스 따위는 중성백혈구의 일종인 거대세포가 쉽게 먹어 녹인다(식균 작용). 하지만 먹물의 탄소 알갱이는 워낙 덩어리가 커서 거대세포가 먹을 수가 없다. 피부과에서 레이저(laser)를 쐬어 문신이나 기미, 검버섯 따위를 없애는 것은 그렇게 태우면 탄소 입자가 산산조각 나서 아주 잘게 부서지므로 거대세포가 말끔히 먹어 치워 그것들을 지울 수 있기 때문이다.

이런 **말** 들어봤니?

길을 떠나려거든 눈썹도 빼어놓고 가라 긴 여행을 떠날 때는 조그마한 것이라도 짐이 되고 거추장스럽다는 말.

눈썹 새에 내 천 자를 누빈다 눈썹 사이에 내 천(川) 자를 그린다는 뜻으로, 기분이 언짢아서 눈살을 찌푸림을 이르는 말.

눈썹 씨름을 하다 졸음이 오는데 마냥 자지 않으려고 무진 애쓰다.

눈썹도 까딱하지 않고 줄곧 아무렇지도 않은 듯 태연함을 이르는 말.

눈썹만 뽑아도 똥 나오겠다 조그만 괴로움도 이겨내지 못하고 쩔쩔매는 것을 이르는 말.

눈썹에 불이 붙는다 / 발등에 불이 떨어지다 뜻밖에 큰 걱정거리가 닥쳐 걷잡을 수 없이 급하게 되다.

돈이라면 호랑이 눈썹이라도 빼 온다 돈이 생기는 일이라면 아무리 어렵고 힘든 일이라도 무릅쓰고 행함을 비꼬아 이르는 말.

사위 반찬은 장모 눈썹 밑에 있다 장모는 백년손님(백년지객)인 사위를 대접하려고 있는 대로 찾아서 한 상 차려주려 함을 이르는 말.

산 범의 눈썹을 뽑는다 함부로 손댈 수 없는 위험한 짓임을 이르는 말.

정월 열나흗날 밤에 잠을 자면 눈썹이 센다 음력 정월 대보름날을 맞는 밤에 아이들을 일찍부터 자지 못하게 하느라고 어른들이 장난삼아 하는 말.

눈

뇌의 중요한 정보원

'몸이 천 냥이면 눈은 구백 냥'이라는 속담이 있듯이 인체에서 눈만큼 소중한 기관도 없다. 눈이 멀어 아무것도 보지 못하는 어둠의 세상에서 살아가는 그 괴로움과 아픔을 겪어보지 못했지만 말이다. 봉사·판수·소경·장님·청맹과니 등은 시각장애인(맹인)을 낮잡아 부르는 말이다.

눈이란 빛에너지가 전기신호로 바뀌어서 시신경을 타고 대뇌의 시각중추에 전하는 감각기관이다. 영장류의 두 눈은 머리 앞쪽, 얼굴 위쪽에 가까이 이웃하며, 공처럼 완전히 둥글지는 않아서 성인의 눈은 세로 24밀리미터, 가로(앞뒤) 24.2밀리미터, 폭 23.7밀리미터 정도이고 무게는 약 7.5그램이다. 탁구공의 지름이 40밀리미터인 것에 비하면 눈알은 탁구공보다 좀 작다 하겠다.

눈꺼풀(눈까풀)은 눈알을 덮어 보호하는데, 눈꺼풀경련이나 눈꺼풀처짐이 일어나 성가시게 시야를 가리기도 한다. 다래끼는 속눈썹 뿌리에 병균이 들어가 뜨끔거리는 것으로 눈시울(눈언저리)이 발갛게 부으며 곪는 일종의 부스럼이다.

눈에서 나오는 진득진득한 액(곱)이 말라붙은 것이 눈곱이고, 아주 적거나 작은 것을 빗대 "눈곱만 하다"라 한다. 눈곱이나 손곱(손톱 밑에 끼어 있는 때), 곱똥에 쓰이는 '곱'이란 부스럼이나 헌데에 끼는 진득진득한 고름 모양의 물질, 또는 이질에 걸린 사람의 똥에 섞여 나오는 희뭉거나 피가 섞인 불그레한 점액 등을 이르는 말이다.

사시(사팔뜨기)란 두 눈알이 제자리에 있지 않고 한쪽 눈이 정면을 바라볼 때 다른 한쪽 눈은 안쪽 또는 바깥쪽으로 돌아가거나 위 또는 아래로 돌게 된다. 모들뜨기란 사팔눈의 일종으로 두 눈알이 안쪽으로 치우친 눈을 일컫는다.

그리고 독살스럽게 생긴 눈을 비유적으로 '뱀눈', 화가 나서 옆으로 흘겨보는 눈을 '가자미눈', 못마땅해서 눈알을 굴려 보고도 못 본 체하는 눈짓을 '나비눈', 분하거나 미워서 매섭게 쏘아 노려보는 눈을 '도끼눈', 낚시 바늘처럼 눈초리가 꼬부라져 올라간 눈을 '낚시눈'이라 한다.

또 '눈꼬리(눈꼬리/눈초리)'이란 귀 쪽으로 가늘게 좁혀진 눈의 가장자리를, '까막눈'이란 글을 읽을 줄 모르는 무식한 사람을, '눈엣가시'란 몹시 못마땅하여 늘 눈에 거슬리는 사람을 말한다. 서로 눈을 마주하여 깜박이지 않고 오래 견디기를 겨루는 것을 '눈싸움'이라 하는데, 이른바 쳐다(노려)본다는 것은 일종의 도전(맞서 싸움을 걺)으로 실은 처음 만난 국가 정상들끼리도 악수를 하면서 불꽃 튀는 눈싸움을 벌인다.

눈 가리고 아웅 얕은 꼼수로 버젓이 남을 속이려 들다.

눈 뜨고 못 보다 눈앞의 모습이 끔찍하거나 민망하여 차마 볼 수 없다.

눈 익고 손 설다 눈에는 매우 익숙한 일인데도 실제로 하려면 제 마음대로 되지 않음을 빗댄 말.

눈(알)을 곤두세우다 성이 나서 눈에 독기를 띠다.

눈꼴시다 하는 짓이 거슬려 보기에 아니꼽다.

눈보다 동자가 크다 터전이 되는 것보다 덧붙이는 것이 더 많거나 크다.

눈알(눈깔)을 까뒤집다 좋지 않은 일에 열중하여 제정신을 잃음을 뜻하는 말.

눈에 넣어도 아프지 않다 너무너무 귀엽다.

눈에 밟히다 도무지 잊히지 않고 새록새록 자꾸 짠하게 떠오르다.

눈에 삼삼 귀에 쟁쟁 어떤 사람의 모습과 목소리가 생생하게 떠오름을 이르는 말.

눈에 쌍심지를 돋우다 몹시 화가 나서 두 눈을 부릅뜨다.

눈에 어리다 어떤 모습이 오래오래 잊히지 않고 머릿속에 자꾸 떠오르다.

눈에 칼을 세우다 표독스럽게 눈을 번쩍이고 노려보다.

눈에 콩깍지가 씌었다 딴 데 정신이 팔려 일을 옳게 판가름하지 못하다.

눈에 흙이 들어가다 죽어 영영 땅에 묻히다.

눈에서 딱정벌레가 왔다 갔다 하다 갑자기 정신이 어지러워지면서 아찔하다.

눈은 풍년이나 입은 흉년이다 눈앞에 보이는 것은 푸져도 정작 먹을 게 없다.

눈이 삐다 빤한 것을 잘못 보고 있음을 이르는 말.

눈동자

'푸른 눈동자'란 얼토당토않은 말이다?

눈동자(동공, 瞳孔, pupil)란 눈알 제일 가운데에 있는 검고 동그란 부분으로 여기를 통해 빛이 망막에 전해진다. 인종에 상관없이 다 검고, 다른 동물의 눈동자도 모두 새까매 '갈색 눈동자'라거나 '푸른 눈동자'란 얼토당토않은 말이다. 눈동자를 둘러싸고 있는 홍채(눈조리개) 색깔이 갈색이거나 푸르스름해 그런 것이므로 마땅히 '갈색 눈', '푸른 눈'으로 불러야 옳다. 곧 둘레에 햇무리(달무리)처럼 빙 두르고 있는 갈색이거나 푸르스름한 것이 홍채이며, 나머지 바깥 눈언저리에 있는 흰자위는 공막이다.

우리와 같은 '갈색 눈'은 홍채에 멜라닌색소 농도가 짙은 탓이고 서양 사람에게 많은 '푸른 눈(벽안)'은 홍채에 멜라닌색소가 아주 적어, 하늘이 그렇듯 빛의 틴들(Tyndall)현상으로 푸르게 보인다. 동공이 까만 것은 결코 동공 자체가 검은 것이 아니고, 눈알의 가장 뒤편에 도달한 빛이 대부분 망막에 흡수되어버려 반사되어 나오는 빛이 없기 때문에 검게(어둡게) 보이는 것이다.

돌연변이로 태어나면서부터 멜라닌색소가 모자라 피부·눈동

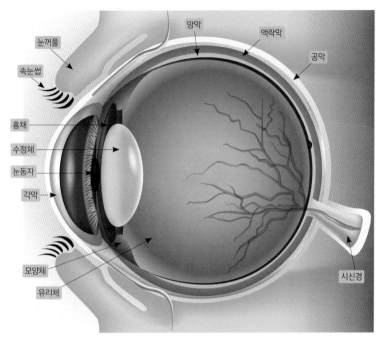

눈의 구조

자·털이 고스란히 하얀 백색증(알비노, albino)인 사람의 눈동자는 흰 알비노 집토끼처럼 새빨갛다. 정상적으로 검은 망막인 경우는 눈동자가 검지만, 망막에 멜라닌이 없는 알비노는 망막의 붉은 핏줄(붉은색)이 반사되어 동공이 붉다.

각막과 수정체(렌즈, lens) 사이에 있는 홍채 근육은 눈동자를 둘러싼다. 다시 말해서 홍채 중앙에는 빛이 통과할 수 있는 구멍인 동공이 있으며, 홍채는 동공을 감싼 근육으로 수축(눈동자가 작아짐)과 이완(동공이 커짐)을 통해 동공의 크기를 조절한다. 어두운 곳에 들면 동공이 문득 커지고, 밝은 곳에서는 퍼뜩 작아져 망막에 도달하는 광량(빛의 양)을 조절한다. 이렇게 동공이 작아지고 커지는 것은 모두 홍채의 수축과 이완에 매인 것이지 동공 자체가 조절하지 않는다.

사람의 눈동자

광량에 따라 동공이 반사적으로 커졌다 작아졌나 하는 것을 동공반사라 하고, 한 눈의 자극만으로 두 눈이 즉시 같이 반응을 한다. 한마디로 동공은 살아 있다! 그리고 공포·놀람·고통 같은 감정 변화에 따라서도 동공 크기가 바뀐다.

고양이의 눈동자

그런데 뇌를 다쳐 혈관이 막히거나(뇌경색) 터지면(뇌출혈) 동공이 커지거나 작아지는 동공반사가 일어나지 않을뿐더러 동자가 찌그러지기도 한다. 또 혼수상태이거나 죽으면 동공이 풀리면서 열린 상태로 더는 옴짝달싹 않는다.

염소의 눈동자

'눈은 마음의 창'이라 한다. 더없이 영롱한 안광(눈의 정기)은 초롱초롱한 눈망울(눈동자)에 있다. 해맑은 눈망울은 그 사람의 마음과 지능을 보여주고, 뇌의 건강

갑오징어의 눈동자

정도를 알려준다. 눈은 애초에 뇌에서 만들어져 앞으로 튀어나온, 뇌의 일부이기 때문이다.

한편 지문인식기술에 이어 등장한 보안시스템이 홍채 인식인데 이것은 사람마다 고유한 홍채 정보를 이용한 사람인식기술이다. 사람의 홍채는 생후 18개월쯤에 완성되고, 이 또한 지문처럼 평생 변하지 않는다. 그리고 사람 눈동자는 둥글지만, 악어·뱀·고양이·여우는 수직으로 가늘게 짜개지고, 가오리·개구리·염소·사슴·말 따위는 수평으로 틈이 나며, 두족류인 오징어, 문어 따위는 W자 꼴을 한다.

홍채이색증은 양쪽 홍채 색깔이 다른 것으로 홍채 세포 이상에 따른 멜라닌색소의 농도 차이에서 비롯된다. 인간에게는 드문 일이나 개나 고양이에게서는 곧잘 볼 수 있다.

눈동자가 눈썹에 매달리다　눈을 세게 치켜뜸을 빗댄 말.

눈보다 동자가 크다 / 발보다 발가락이 더 크다　근본이 되는 것보다 덧붙이는 것이 더 많거나 큼을 이르는 말.

눈은 있어도 망울이 없다　있긴 있는데 중요한 알맹이가 빠져서 없는 것과 마찬가지다.

화룡점정(畵龍點睛)　용을 그리고 나서 마지막으로 눈동자를 그려 넣었더니 그 용이 실제 용이 되어 구름을 타고 하늘로 날아 올라갔다는 고사에서 유래한 말. 가장 알속(핵심)이 되는 부분을 완성함으로써 일을 빈틈없이 깔끔하게 마무리한다는 뜻이다.

눈물

물보다 짙다!

눈물(누, 淚, tear)은 파충류·조류·포유류에만 있다. 사람의 눈물샘(누선)은 위쪽 눈꺼풀의 바깥 끝자락에 자리하고, 아몬드 꼴을 한다. 양파·고춧가루·눈물가스(최루가스) 같은 자극은 물론이고 구토·기침·하품 따위의 생리현상이나 슬픔·기쁨의 감정이 재빠르게 눈물을 흘리게 한다. 그렇다. 때론 한바탕 실컷 울고 나면 기분이 한결 나아진다.

눈물은 결코 단순한 맹물(H_2O)일 수 없다. 눈물에는 98퍼센트의 물을 비롯하여 기름기, 나트륨(Na)이나 칼륨(K) 같은 전해질, 항체나 뮤신, 포도당이나 요소, 항바이러스나 항균성 물질에다 0.9퍼센트에 가까운 짭짤한 염분이 들었다. 그러니 눈물도 물보다 짙다!

어른은 하루에 보통 0.75~1.1그램의 눈물을 분비하고, 늙으면 분비가 찬찬히 줄어든다. 또 눈을 깜빡일 때마다 눈물샘에서 조금씩 흘러나온 눈물이 각막을 매끄럽게 축이고, 이물질을 씻어내며, 눈알(안구)운동을 돕는다. 눈물은 양 눈의 안쪽 구석으로 모여 눈물주머니에 고였다가 코눈물관(비루관)을 타고 콧속(비강)으로 흘러든다. 그래서 훌쩍훌쩍 울다 보면 눈물 말고 콧물도 따라 나서 킁킁 코를 풀게 되니, 결국 눈물과 콧물이 섞인 '코눈물'인 셈이다.

나이가 들면 비루관(눈물주머니에서 코로 통하는 눈물길)이 막히면서 연신 눈물이 눈시울을 타고 모조리 흘러넘친다. 이럴 때는 안과에서 비루관을 뚫어줘야 한다. 눈물샘이 성치 못해 눈물이 딸리면 각막이 무척 마르기에(안구건조증) 흔히 인공눈물을 넣는다. 그러나 제아무리 인공눈물을 살 만들어도 제 눈물만 못하다는 것은 뻔하다.

내 몸에서 눈과 가장 멀리 있어야 하는 것이 손이라 한다. 비록 눈을 부비더라도 손등으로 해야 하는데 손바닥엔 온갖 병균이 득실거리기 때문이다. 코로나19 같은 감염병을 들먹이지 않더라도 '악수는 세균을 서로 바꾸는 짓거리'란 말이 더할 나위 없이 옳다. 그래서 운동선수들도 섣불리 손을 잡지 않고 서로 주먹을 쥔 채로 툭 부딪치는 '주먹인사'를 하지 않던가.

아무튼 눈물은 슬픔·동정·힘듦·참음 등을 상징하며, 행복에 겨워 웃어도 눈물이 나고 하품을 해도 눈물이 난다. 생후 3개월이 안 된 갓난이는 눈물샘이 덜 여물어서 눈을 부릅뜬 채 '눈물 없는 울음'

'눈물 없는 울음'을 우는 갓난아이

을 울기도 한다.

또 강자가 약자 앞에서 거짓으로 흘리는 눈물을 '악어의 눈물'이라 하는데 실제로 악어는 입을 짝 벌리고 먹잇감을 먹을 때 저절로 (생리적으로) 눈물이 나온다. 이는 결코 슬퍼서 흘리는 것이 아니고, 눈물샘신경과 턱관절신경이 동시에 작용하기에 일어나는 것이다.

그 밖에 '안질에 노랑 수건'이란 눈병으로 찐득하고 강냉이만 한 노란 눈곱이 끼어서 눈곱 닦는 수건이 노랗게 된다는 뜻으로, 눈병과 수건은 서로 뗄 수 없다는 데서 매우 친한 사람 사이를 가리키는 말이고, '눈물겹다'란 눈물이 날 만큼 가엾고 애처로움을 뜻하는 말이다.

"웃어라, 그러면 이 세상도 함께 웃을 것이다. 울어라, 그러면 너 혼자 울게 되리라.", "젊었을 때 울지 않는 자는 야만인이요, 늙어서 웃지 않는 자는 얼간이다.", "젊어 흘리지 않은 땀은 늙어 피눈물이 된다." 따위와 같이 눈물에 얽히고설킨 말들은 많기도 하다.

꽃은 웃어도 소리가 없고, 새는 울어도 눈물이 없다　북한어로, 겉으로 표현은 안 하지만 마음속으로는 다 느껴 알고 있음을 이르는 말.

남의 눈에 눈물 내면(빼면) 제 눈에는 피눈물이 난다　남에게 모질게 굴다 보면 자기는 그보다 더한 고통을 받게 됨을 이르는 말.

눈물을 머금다　슬픔이나 고통 따위를 억지로 참으려고 애쓰다.

눈물이 골짝 난다　어떤 일로 몹시 억울하거나 야속하여 눈물이 많이 나다.

눈이 여리다　감정이 모질지 못하여 눈물을 잘 보인다는 말.

늙으면 눈물이 헤퍼진다　노인이 되면 까닭 없이 설움을 많이 타고, 걸핏하면 잘 운다.

닭똥 같은 눈물　몹시 방울이 굵은 눈물.

병아리 눈물만큼　매우 적은 수량(수효와 분량)을 가리키는 말.

쥐 죽은 날 고양이 눈물　약자 앞에서 강자가 거짓으로 흘리는 눈물, 또는 쥐가 죽었는데 고양이가 눈물을 흘릴 리 없다는 데서, 아주 없거나 있어도 매우 적은 경우를 이르는 말.

피도 눈물도 없다　조금도 인정사정없이 매정하다.

코

1만 가지 이상의 냄새를 맡는 기관

코(비, 鼻, nose)는 얼굴 한복판에 오뚝 솟아 있어 다른 사람의 눈에 가장 잘 띈다. 그리고 이목구비가 곱게 아우러져야 어여쁜 얼굴(미모)이 되는데 콧마루(콧날) 하나도 너무 낮거나 높아도, 펑퍼짐하거나 뾰족해도 미인 코가 아니다.

콧등과 귓바퀴는 연골(물렁뼈)로 되어 있기에 성형(고치고 다듬음)하기 쉽다. 그런데 혹시 콧잔등이나 귀가 경골(굳은 뼈)이었다면 어떤 일이 벌어졌을까. 다 으스러지고 바스러져서 누구 하나 제 모양을 갖춘 사람이 없을 뻔했다. 레슬링 선수들의 일그러지고(삐뚤거나 찌그러진) 닳아빠진 별난 귓바퀴를 상상해보면 알 것이다.

코는 뭐니 뭐니 해도 냄새를 맡는 후각기관이다. 혀는 크게 봐서 네 가지 맛을 보는 데 비해 코는 1만 가지 이상의 냄새를 구별한다니 그지없이 예민한 감각기관이다.

그런데 콧구멍 속의 코털은 왜 나는 것일까. 코털은 들숨 때 들어오는 굵다란 먼지 따위를 거르고 수분을 모으는 기능이 있다. 콧구멍 벽에는 끈끈한 점액이 묻어 있어 자잘한 먼지 알갱이·세균·곰팡이·바이러스를 모조리 달라붙게 하는데 이것이 쌓여 굳어진 것이 코딱지다. "코딱지/고름 두면 살이 되랴."란 이미 그릇된 일이 다시 잘될 리 없음을 뜻한다.

　코는 손으로 만져지는 우뚝 솟은 콧부리와 그 안에 빈 공간인 비강(콧속)으로 나뉜다. 콧구멍에서 목젖 윗부분에 이르는 빈 곳(비강)은 가운데가 칸막이로 나뉘고 있으니 그것이 코청이다. 소는 이 코청을 뚫어 코뚜레를 맨다. 비강 바깥벽에는 3층으로 된, 조가비를 닮은 주름진 뼈가 있어 차가운 공기를 데우고, 더운 공기는 식히며, 메마른 공기가 들면 습기를 흥건히 뿜어내어 폐(허파)로 보낸다. 코란 다름 아닌 라디에이터요, 에어컨이며, 가습기인 셈이다.

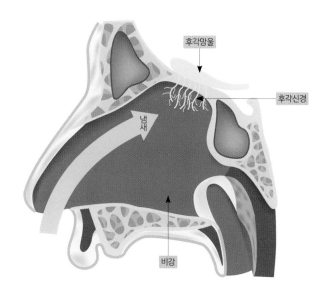

코의 구조와 냄새 자극. 후각신경이 냄새 자극을 뇌에 전달한다.

무척 덥고 건조한 사막 지방(중동) 사람들이나 추운 북쪽 사람들의 콧등은 한결 높고 커서 습도와 온도 조절을 잘할 수 있다. 그런가 하면 온도 습도가 높은 열대 지방 사람들은 납작코다. 아하, 코가 납작하게 눕거나 오뚝 솟는 것도 다 주변 환경의 탓이렷다!

그리고 코는 발음(소리내기)에도 자못 중요하다. 감기에 걸리면 갑갑한 '코맹맹이 소리'를 내는 것은 코안 점막이 부어 오른 탓이다. 또한 외국어를 아무리 잘해도 여러모로 본토 발음과 똑같기가 어려우니 이는 코의 크기와 구조가 다르기 때문일 것이다. 비음(콧소리)은 소리를 낼 때 연구개와 목젖을 내려 입안의 통로를 막고 코로 공기를 내보내면서 내는 소리로 'ㅁ', 'ㅇ', 'ㄴ'이 여기에 든다.

개 콧구멍으로 알다 더할 나위 없이 시시한 것으로 알아서 대수롭지 않게 여기다.

내 코가 석 자 자기 일이 바빠 남을 돌볼 겨를(여유)이 없다

누구 코에 바르겠는가 여러 사람에게 나누어 주어야 할 물건이 터무니없이 적다는 말.

눈 감으면 코 베어 먹을 세상 눈을 멀쩡히 뜨고 있어도 코를 베어 갈 만큼 세상 인심이 거칠고 고약하다.

눈이 아무리 밝아도 제 코는 안 보인다 제 아무리 똑똑해도 스스로에 대해서는 잘 모른다는 것을 빗대어 이르는 말.

눈코 뜰 사이 없다 정신 못 차리게 몹시 바쁘다.

다 된 죽에 코 빠졌다 거의 다 된 일을 망쳐버리다.

사나운 개 콧등 아물 날이 없다 성질이 사나운 사람은 까닭 없이 늘 싸움만 하여 상처가 미처 나을 새(사이)가 없다.

손 안 대고 코 풀기 일을 힘 안 들이고 아주 쉽게 해치우다.

엎어지면 코 닿을 데 매우 가까운 거리를 이르는 말.

재수 없는 놈은 뒤로 자빠져도 코가 깨진다 하는 일이 영 안 풀린다는 말.

코 묻은 돈 어린아이가 가진 적은 돈.

코가 꿰이다 약점이 잡히다.

코가 쉰댓(석) 자나 빠졌다 근심 걱정이 쌓이고, 괴로운 일이 있어서 힘이 빠지다.

코를 납작하게 만들다 상대를 기죽이다.

코빼기도 못 보다 도무지 나타나지 않아 볼 수 없다.

코에서 단내가 난다 몹시 힘들게 일하여 몸이 피로하다는 말. '단내'란 몸의 열이 몹시 높을 때, 입안이나 코안에서 나는 냄새를 가리킨다

콧구멍 같은 집에 밑구멍 같은 나그네 온다 매우 좁은 집에 반갑잖은 손님이 찾아옴을 빗대어 이르는 말.

콧구멍이 둘이니 숨을 쉬지 다행히도 콧구멍이 둘이 있어 호흡이 막히지 않고 숨을 쉰다는 뜻으로, 다랍고 아니꼬운 일로 답답하거나 되우(되게) 기가 참을 해학적으로 빗댄 말.

콧구멍이 둘이니 숨을 쉬지 몹시 답답하거나 기가 차다는 말.

콧대가 높다 잘난 체하고 뽐내는 태도가 있다.

콧등이 시큰하다 어떤 일에 감격하거나 슬퍼서 눈물이 나오려 하다.

콧방귀를 뀌다 아니꼽거나 못마땅하여 남의 말을 들은 체 만 체 말대꾸를 아니 하다.

귀

소리도 듣고 균형도 잡고

사람의 귀(이, 耳, ear)는 보통 겉귀의 귓바퀴를 이른다. 귓바퀴 아래 귓밥(귓불)이 두툼하고 길게 축 처진 귀를 '복귀' 또는 '부처님 귀'라 하여 우리는 한결 좋게 보는데, 서양인들은 그런 귀를 '당나귀 귀(donkey ear)'라 하여 '바보'로 여긴다. 서양 만화에 그려진 나귀 그림이 무얼 뜻하는지 알 것이다.

귀는 외이(바깥귀), 중이(가운데귀), 내이(속귀)로 나뉜다. 외이와 중이는 소리를 듣는 청각기관이고, 내이는 청각과 함께 몸의 균형을 유지해주는 평형기관이다.

외이는 소리를 모으는 귓바퀴와 고막(귀청)에 이르는 좁은 길인 외이도(겉귓길)로 구성된다. 귓바퀴는 다른 포유동물과 달리 퇴화하여 움직이지 못하지만, 더러는 좀 움직이는 이가 있으니 자꾸 연습하면 제법 는다고 한다.

프랑스 시인 장 콕토는 「귀」라는 작품에서 "내 귀는 조개껍데기, 그리운 바다의 물결 소리여!"라고 읊었다. 말 그대로 조개껍데기 모양에 가까운 귓바퀴 둘레(귓전)는 안으로 조금 말리고, 그 안쪽은

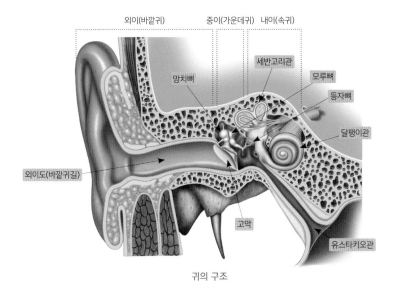

외이(바깥귀)　　중이(가운데귀)　내이(속귀)

세반고리관

망치뼈

모루뼈

등자뼈

달팽이관

외이도(바깥귀길)

고막

유스타키오관

귀의 구조

쪼그러지고 구겨져서 소리 모음에 큰 몫을 한다. 흔하지는 않지만 귓바퀴가 아주 작은 소이증(小耳症)이나 숫제 없는 무이증(無耳症)으로 태어나는 수도 있다.

귓바퀴는 연골이라 부드럽고 탄력이 있으나 혈관이 적고, 신경도 덜 날카롭다. 또 피하지방도 거의 없이 빼빼한 것이 늘 체온보다 훨씬 낮아 뜨거운 것을 만지거나 하면 "앗, 뜨거워!" 하면서 반사적으로 손이 그리로 가고, 겨울 동상에도 잘 걸린다.

아무튼 예부터 귓전이나 귓불에는 고리(링)를 꿰어 매달았으니 이를 이현령(耳懸鈴)이라 하고, 코에 달면 비현령(鼻懸鈴)이라 한다. 그래서 '이현령비현령'이란 '귀에 걸면 귀걸이 코에 걸면 코걸이'라는 뜻으로, 어떤 사실이 이렇게도 해석되고 저렇게도 해석됨을 이르는 말이다.

중이는 고막에서 달팽이관(달팽이 모양으로 2.5회 감김)까지를 말하는데 귓바퀴에 모인 소릿결(음파)이 외이도를 거쳐 두께가 얼추 0.1밀리미터인 타원형의 고막에 전달되고, 고막이 떨면 3개의 작은 뼈(청소골)에서 음파를 증폭하여 전한다. 청소골의 진동이 속귀의 달팽이관의 림프액에 전달되면 청신경을 자극하여 뇌에 전해져서 소리를 듣게 된다.

내이에 있는 세반고리관은 회전감각을, 전정기관은 평형감각을 도맡기에 이들에 문제가 생기면 멀미나 어지럼증이 인다. '이석증(耳石症)'이란 전정기관에 있는 작은 돌 이석(귀돌)이 느닷없이 제자리를 벗어나 세반고리관으로 잘못 들어가 생긴 어질증(현기증)을 말한다.

한편 외이도에는 끈적끈적한 회갈색의 귀지를 만드는 땀샘과 반드르르한 기름기를 분비하는 기름샘이 있다. 귀지는 귓구멍 속에서 땀과 기름기가 굳은 때꼽재기로 외이도를 보호한다. 입을 놀려 턱이 움직이면 저절로 귀지가 '손톱이 자라는 속도'로 바깥으로 밀려나오므로 께름칙하다고 섣불리 후벼 파지 말지어다.

이런 말 들어봤니?

귀 막고 방울 도둑질한다 얕은 수로 남을 속이려 하나 거기에 속는 사람이 없다는 말.

귀 막고 아옹 한다 실제로 보람도 없을 일을 형식적으로 하는 체하며 쓸데없는 짓을 한다는 말.

귀 밖으로 듣다 / 귓등(귓전)으로 듣다(흘리다) 남의 말을 성의 있게 듣지 않고 듣는 둥 마는 둥 하다.

귀 좋은 거지 있어도 코 좋은 거지 없다 얼굴 한복판에 있는 코가 잘생겨야 관상이 좋다.

귀가 가렵다(간지럽다) 남이 제 말을 한다고 느끼다.

귀가 뚫리다 말을 알아듣게 되다.

귀가 보배라 배우지 않았으나 얻어들어서 아는 것이 많다는 말.

귀가 여리다(얇다) 속는 줄도 모르고 남의 말을 그대로 잘 믿다.

귀가 항아리만 하다 남이 말하는 것을 그대로 고스란히 다 곧이듣다.

귀때기(귀)가 새파란 녀석 나이가 어린 사람을 낮잡아 이르는 말.

귀를 뜨다 세상에 태어나서 처음으로 소리를 알아듣게 되다.

귀를 씻다 세속의 더러운 이야기를 들은 귀를 씻는다는 뜻으로, 세상의 명리(명예와 이익)를 떠나 깨끗하게 살다.

귀에 딱지가 앉다 / 귀에 못이 박히다 같은 말을 여러 번 들었음을 비유한 말.

귀에다 말뚝을 박았나 / 귓구멍에 마늘쪽 박았나 말귀를 잘 알아듣지 못하는 사람을 꾸짖으며 하는 말.

귀청(고막)

고막을 다치면 소리를 못 들을까?

    귀청(고막, 鼓膜, eardrum)은 외이(外耳)와 중이(中耳)의 사이에 자리하는 은백색의 얇고 투명한 막이다. 두께는 0.1밀리미터 남짓이고, 가로축이 9밀리미터, 세로축이 8밀리미터의 원뿔 모양으로 뾰족한 끝이 가운데귀 쪽(안쪽)으로 움푹 들어갔다. 귀청은 세 겹으로 이루어져 있으니 겉은 피부, 중간은 섬유, 안쪽은 점막이다.

    외이도(바깥귀길)를 통해 전해진 소리는 고막을 떨게 하고, 그 진동은 귀청에 이어진 중이의 귓속뼈를 지나 내이(內耳)의 달팽이관(와우관)으로 전달된다. 그런 다음 청각세포를 자극하여 전기신호로 변환시키며, 이어서 시신경을 타고 뇌로 전달된다.

    청소골(귓속뼈)은 귀청 진동을 속귀로 전달하는 동시에 소리 진동을 50배만큼 증폭시키는데, 아주 큰 소리가 갑자기 전달될 때에는 망치뼈와 등자뼈에 붙은 근육들이 수축하여 높은 진동을 차단한다. 고성 탓에 청력이 손상될세라 그것을 막는 것이다.

    세 청소골(귓속뼈)은 모두 관절로 이어지니 추골(망치뼈), 침골(모루뼈), 등골(등자뼈) 순이다. 망치뼈는 청소골 중 가장 큰 것으로 망치

모양이며, 모루뼈는 대장간에서 달군(불린) 쇠를 올려놓고 두드릴 때 받침으로 쓰는 쇳덩이 모양이다. 등자뼈는 말을 타고 앉아 두 발을 디디게 되어 있는 말등자를 닮았다.

사람은 귓구멍을 통해 25~2만 헤르츠(Hertz)의 소리를 들을 수 있지만 고막을 다치면 60헤르츠 이하의 낮은 진동을 듣지 못한다. 고막 천공(구멍이 뚫림)은 머리핀이나 귀이개(귀후비개), 면봉 등으로 귀를 후비다가 실수로 고막에 손상을 입거나, 손으로 귀를 맞거나, 폭발음을 듣는 등 외이도에 갑작스럽게 생긴 기압 변화로 생긴다. 또 코를 갑자기 세게 풀어 이관(유스타키오관, Eustachian tube) 압력으로 생기기도 한다.

고막이 손상되면 난청(청력 저하 또는 손실)과 이명(귀 울림)이 나타나고, 다친 고막에서 출혈이 생겨 귓구멍 밖으로 피가 제법 흘러나올 수 있으며, 심하면 통증이 따르는 수가 있다. 그러나 세균 감염 예방치료만 한 채로 가만히 두면 자연 치유가 된다. 물론 만성중이염 등으로 결코 아물지 않을 때에는 두말할 나위 없이 고막 성형수술을 해야 한다.

외이도는 길이 2.5센티미터, 지름 0.6센티미터이고, 단면은 난원형(卵圓形)으로 S자형을 한다. 바깥쪽 1/3은 물렁뼈이고, 안쪽 2/3는 딱딱한 뼈이며, 가는 털이 많이 나고, 피지선에선 기름기를 분비하여 외이도를 마르지 않게 한다. 이렇게 피지선과 땀샘이 변한 귀지선(샘)에서 나온 분비물에 표피 각질과 먼지들이 뭉쳐 켜켜이 쌓인 것이 회갈색 귀지로 일종의 묵은 때인 셈이다. 하지만 귀지는 외이도 피부를 외상(상처)으로부터 보호하고, 각종 효소들이 들어 있어 염증을 예방하며, 또 독성이 있어서 벌레가 들어오면 죽인다.

귀지(earwax)는 주로 외이도의 바깥 1/3 자리에서 만들어지는데 60퍼센트가 케라틴, 12~20퍼센트는 지방산과 라이소자임(lysozyme) 효소, 6~9퍼센트는 콜레스테롤로 귀지 특유의 구린내를 낸다. 스트레스를 받으면 머리 비듬이 늘 듯이 귀지도 따라서 많아진다 하고, 인종에 따라 차이가 나서 황색 인종은 80퍼센트 이상이 건성 귀지(마른 귀지)인 반면에 백인과 흑인은 70퍼센트 이상이 습성 귀지(젖은 귀지)라 한다.

귀청(이) 떨어지다 / 귀청(이) 찢어지다 / 귀청을 떼다 / 귀청이 터지다　소리가 몹시 크다.

귓구멍(귓문)이 넓다(나팔통 같다)　남의 말을 곧이 잘 들음을 꾸짖는 말.

상여 나갈 때 귀지 내달란다　매우 바쁘고 어수선한 때에 엉뚱한 일을 해달라고 조름을 비유하여 이르는 말.

상여 메고 가다가 귀청 후빈다　일을 끝까지 성실하게 하지 않고 중간에 엉뚱한 데 정신 팖을 핀잔(꾸짖음)하여 이르는 말.

이부지를 아뢰다　궁중에서, 귀지를 후벼드리다. '이부지'란 궁중에서, '귀지'를 이르던 말이다.

입

소화가 처음 시작되는 곳

입이란 입술에서 목구멍까지를 통틀어 말하는 것 말고도 음식을 먹는 사람의 수(입을 덜다), 입술(손등에 입을 맞추다), 사람이 하는 말(입이 싸다), 한 번에 먹을 만한 음식물의 양(한 입 먹어보자) 따위로 쓰인다. 그리고 사람 입을 속되게 '주둥이', '주둥아리', '아가리'라고 한다.

입(구, 口, mouth)은 소화가 처음 시작되는 곳으로 소화기 계통 중 직접 눈으로 볼 수 있는 하나뿐인 기관이다. 입에서 목구멍에 이르는 입안 빈 곳을 구강이라 하며, 거기에 난 얇은 겉껍질을 구강상피라 한다. 현미경으로 사람 세포를 볼 때 가장 많이 쓰는 것이 구강상피세포이다.

입은 세 가지 몫을 어엿하게 한다.

첫째는 소화관의 들목(입구)으로 음식물과 물을 먹고 마신다. 또 아래턱·볼·혀·입술의 도움으로 음식을 씹고, 침을 음식물과 섞어 녹말을 소화시킨 뒤 식도(밥줄)로 내려보낸다. 입안 침샘은 소화효소가 든 타액(침)을 분비하고, 침은 음식을 소화하며, 입안이 마르지 않게 하고, 음식찌꺼기·세균·죽은 세포들을 말끔히 씻어낸다. 특별히 아밀라아제(amylase)효소는 구조(얼개)가 복잡한 녹말을 좀 더 간단한 맥아당(엿당)으로 분해한다.

둘째는 목·혀·턱·입술과 어울려 소리를 낸다. 입안에서 'ㅏ, ㅑ, ㅓ, ㅕ' 등의 홀소리(모음, 母音)가 공명되어 음색이 더해지고, 입안에 좁아지는 부위가 생기면서 'ㄱ, ㄴ, ㄷ, ㄹ' 같은 닿소리(자음, 子音)를 낸다.

셋째는 음식의 맛을 느낀다. 이는 혀의 남다른 기능이기도 하나 잇몸, 볼따구니 등 입안의 다른 점막도 미각(맛감각)을 느낀다. 사람이 느낄 수 있는 맛은 네 가지로 신맛·단맛·짠맛·쓴맛으로 나뉘지만 얼마 전에 다섯 번째 미각이 알려졌다. 우마미(umami)라는 것으로 일본의 화학자가 발견하였으며, 해조류 국물이나 조미료의 감칠맛을 이른다. 상세한 것은 '혀' 이야기에서 만날 것이다.

그리고 입과 눈이 한쪽으로 틀어지는 얼굴신경마비 증상을 '구안괘사'라 한다. 흔히 와사증이란 말을 쓰는데, 괘사증이 맞다.

노는 입에 염불하기 할 일 없이 노는 것보다 무엇이든 하는 것이 낫다는 말.

독사 아가리에 손가락을 넣는다 매우 아슬아슬한 짓을 함을 이르는 말.

범의 아가리를 벗어나다 무척 위급한 때를 벗어나다.

입에 맞는 떡 마음에 쏙 드는 일이나 물건.

입에 쓴 약이 병에는 좋다 자기에 대한 조언(도움말)이나 비평(비판)이 지금 당장은 듣기 싫지만 그것을 달게 받아들이면 자기에게 이롭다는 말.

입에 재갈을 물리다 함부로 입을 놀리지 못하게 하다.

입에 풀칠하다 가난하여 근근이 버텨 살아감을 이르는 말.

입에서 신물이 난다 어떤 것이 더할 나위 없이 싫다.

입은 가죽이 모자라서 냈나 말을 해야 할 때 말을 하지 않는, 숫기(넉살)가 모자라는 사람을 비꼬고 꾸짖는 말.

입은 비뚤어져도 말은 바로 해라 어떻든지 말은 항상 바르게 해야 한다는 말.

입의 혀 같다 일을 시키는 사람의 뜻대로 움직여주는 것을 빗댄 말.

입이 개차반이다 입이 똥개가 먹은 차반(음식)과 같이 너절하다는 뜻으로, 아무 말이나 가리지 않고 되는대로 상스럽게 마구 지껄이는 경우를 이르는 말.

입이 귀밑까지 찢어지다 기쁘거나 즐거워 입이 크게 벌어지다.

입이 열 개라도 할 말이 없다 잘못이 뚜렷이 드러나 핑계의 나위(여지)가 없다는 말.

주둥이가 가볍다(싸다) 채신머리없이(경솔하게) 말함을 비꼬아 이르는 말.

주둥이가 여물다 말이 또렷하고 실속이 있다.

입술
감정 표현의 도구

  입술(순, 脣, lip)은 포유류에만 있으며 이른바 '앵두 같은 입술', 곧 '붉은 입술(홍순, 紅脣)'을 가진 동물은 사람뿐이고, 흑인들처럼 더운 지방 사람들은 입술이 두껍고 거무스름하다. 아랫입술이 윗입술보다 크고 두꺼우며, 피부 세포층이 16겹인 데 비해 발그레한 입술 피부는 자못 얇아서 겨우 3~6겹밖에 되지 않는다. 입술에는 검은 색소인 멜라닌(melanin)을 만드는 멜라닌세포가 아주 적고, 모세혈관(실핏줄)이 많이 퍼져 있어 다른 부위에 비해 유달리 불그스름하다.

  입술은 매끈한 것이 털도 없고, 땀샘과 기름샘도 없다. 그래서 차갑고 메마른 날씨에는 입술이 빨리 마르기에 저절로 입술에 침을 묻히게 되고, 입술이 트는 것을 막아주는 립밤(lip-balm) 연고를 바른다. 또 여인들은 새빨간 입술연지(립스틱, lipstick)를 문질러 입술을 드러나게 하여 건강하고 사람 마음을 사로잡는 힘이 있는 여자로 보이게 한다. 누구든 입술이 건강해야 몸이 튼실한 것. 살빛에 핏기가 없고 가무스름한 푸른 기가 돌 만큼 해쓱한 것을 창백하다고 하는데, 특별히 빈혈이거나 혈중 산소가 모자라면 입술이 창백해진다.

입술연지의 붉은색은 선인장을 먹고사는 '연지(깍지)벌레' 암컷에서 뽑은 천연색소이다. 세포를 고정하고 염색하는 데에 쓰이는 아세트산카민(acetic acid carmine) 용액도 그것이고, 딸기우유나 아이스크림, 게맛살의 불그레한 색도 연지벌레의 색소다.

사람들은 입술로 감정 표현과 의사소통을 한다. 다시 말해서 입술에 웃음과 찡그림은 물론이고, 입술을 올렸다 내렸다, 삐죽 꼬거나 쑥 내밀어서 좋고 싫음(호오, 好惡)을 나타낸다.

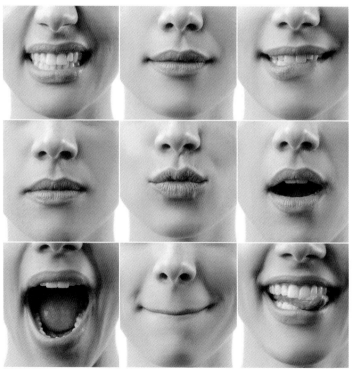

여러 가지 입술 표정

입술에는 감각세포가 많아서 접촉이나 온도에 민감하기에 태어나서부터 한 살 반까지의 젖먹이는 입술로 물체를 확인한다. 그들은 아직 눈이 발달하지 않아서 아무거나 손에 닿는 족족 머뭇거림 없이 입으로 가져가 쪽쪽 빤다. 입술로 물체를 알아보는 셈이다.

그리고 헤르페스바이러스(herpes virus)에 옮아 입술에 수포(물집)가 생기기도 하는데 이를 입술헤르페스라 하고, 담배를 많이 피우거나 센 햇볕을 오래 쬐면 아랫입술에 편평세포암이라는 피부암이 생기는 수가 있다.

윗입술의 가운데, 코밑에 세로로 오목하게 얕은 홈이 진 자리가 있으니 인중(人中)이다. 인중이 길면 오래 산다고 했던가. 처음 태아 발생 때 인중은 양쪽에 멀찌감치 떨어져 있던 두 쪽이 한데로 맞붙어 아무는데, 이들이 서로 붙지 못하고 틈이 생긴 것이 입술갈림증(구순열, 口脣裂)으로 이른바 언청이(째보)다.

예전에는 '째보'가 흔했으나 요샌 성형수술로 감쪽같이 봉합을 한다. 언청이는 음식물이 입술 사이로 곧잘 흘러나오고, 소리내기(발음)도 어눌하며, 매운바람이 부는 추운 날에는 이가 무척 시리다. 윗입술 가운데에 옴폭 들어간 활 모양의 자리는 '큐피드의 활(Cupid's bow)'이라 부른다. 한편 순음(입술소리)은 입술을 움직여 발음하는 자음(닿소리)으로 'ㅂ, ㅃ, ㅍ, ㅁ'이 있다.

삼복 기간에는 입술에 묻은 밥알도 무겁다 북한어로, 더운 삼복에는 더위를 이겨내기가 힘겨움을 비유하여 이르는 말.

쌍언청이가 외언청이 타령한다 자기의 큰 허물은 모르고 남의 작은 흉을 흠잡아서 탓한다는 말.

언청이가 콩가루 (집어) 먹듯 북한어로, 일을 차근차근 맵시 있게 하지 않고 건성건성 덤비는 모양을 빗대어 이르는 말.

윗입술이 아랫입술에 닿느냐 상대편이 거만하고 공손치 못한(오만불손한) 말을 했을 때 화내어 이르는 말.

입술에 침 바른 소리 겉만 번지르르하게 꾸미어 듣기 좋게 하는 말.

입술에 침도 마르기 전에 돌아앉는다 서로 약속이나 다짐을 하고 나서 금세 몸가짐을 바꾸어 행동한다는 말.

입술에 침이나 바르지 속이 빤히 들여다보이게 거짓말을 하는 사람에게 그런 얕은 수작은 그만두라고 핀잔하여 이르는 말.

입술을 깨물다 북받치는 감정을 힘껏 참거나, 또는 어떤 결심을 굳게 함을 이르는 말.

쥐 잡아먹은 고양이 입술을 지나치게 빨갛게 바른 모습을 비꼬아 이르는 말.

단순호치(丹脣皓齒) 붉은 입술과 하얀 치아라는 뜻으로, 절세미인(아름다운 여자)을 일컫는 말.

순망치한(脣亡齒寒) 입술이 없으면 이가 시리다는 뜻으로, 서로 의지하게 된 가까운 사이에서 어느 한쪽이 망하면 다른 한쪽도 그 영향을 받음을 이르는 말.

이(치아)

척추동물에서만 볼 수 있다고?

척추동물의 이빨(위쪽부터 곰치, 악어, 호랑이)

이(치, 齒, tooth), 치, 치아는 사람한테 쓰는 말이며, 동물의 이는 보통 낮잡아 '이빨'이라 하니 구별하여 쓰는 것이 옳다. 이는 오복의 하나로, 음식물을 작두처럼 잘게 자르고 맷돌같이 갈고 으깨는(부수는) 물리적인 소화기관이다. 또한 소리내기(발음)를 하는 데에 없어서는 안 되고, 앞니라도 빠지는 날에는 소리가 헐겁게 새어서 발음을 제대로 못 한다. 치음(잇소리)은 혀끝과 이 사이에서 조절되어 나오는 닿소리로 'ㅅ, ㅆ, ㅈ, ㅉ, ㅊ'들이다.

치아는 척추동물에서만 볼 수 있는데 어류와 포유류는 잘 발달하였으나 조류는 이빨 대신 부리가 있다. 어류의 이빨은 크기나 모양이 죄다 고르고, 사람이나 포유류의 것은 자리에 따라 다르다. 이빨은 먹이를 잡거나 적을 물리치는 무기로 쓰고, 육식동물은 송곳니가, 초식동물은 어금니가 발달한다. 치아의 제일 바깥 구성 성분인 에나멜질(enamel質)은 우리 몸에서 가장 단단하고 야물다.

사람을 포함하는 포유류는 한번 유치(젖니)가 빠진 다음 영구치(간니)가 난다. 사람 젖니는 20개로 위아래턱에 각각 10개씩이고, 영구치는 32개이며, 성인이 되어 나는 맨 안쪽 작은 어금니를 사랑니라 한다. 서양 사람들은 이를 '지혜의 이'라 하고, 한자어로는 '지치(智齒)'라 한다. 끝이 뾰족한 사랑니는 점점 퇴화하여 조그맣게 나거나 숫제 나지 않는 흐름(추세)이다.

앓던 이 빠진 것 같다 걱정거리가 사라져서 후련하다는 말.

이 아픈 날 콩밥 한다 하필이면 힘든 처지에 있는데 더욱 딱한 일을 당하게 됨을 이르는 말.

이 없으면 잇몸으로 살지 요긴한 것이 없으면 여간해서 안 될 것 같지만 없으면 없는 대로 그럭저럭 살아 나갈 수 있다는 말.

이(치)를 떨다 몹시 분해하거나 지긋지긋해하다.

이가 갈리다(떨리다) 매우 화가 나거나 억울함을 참지 못하여 독한 마음이 생기다.

이가 자식보다 낫다 이가 있으면 먹고 살아갈 수 있으며 때로는 맛있는 음식도 먹게 된다는 뜻으로, 이의 중요성을 이르는 말.

이 금도 안 들어가다 도무지 반응이 없거나 받아들이지 않는다는 말.

이도 아니 나서 콩밥(황밤)을 씹는다 아직 준비가 안 되고 그런 힘도 없으면서 어려운 일을 하려고 덤벼든다는 말.

이를 악물다(깨물다/물다/사리물다) 힘겨움과 어려움을 헤쳐 나가려고 애써 견디거나 꾹 참다.

이에 신물이 돈다(난다) 어떤 것이 심한 싫증을 느낄 정도로 아주 지긋지긋하다는 말.

혀

네 가지 맛 지도 이야기는 거짓이다?

"세 치 혀를 조심하라.", "세 치 혀가 사람 잡는다."는 밀을 들어보았을 것이다. 혀를 잘못 놀리면 사람을 죽게 하는 수가 있으므로 가벼운 입놀림도 삼가라는 뜻이다. 한 치가 약 3.03센티미터이니 세 치면 9.09센티미터로 실제 혀 길이 10센티미터에 맞먹는다. 옛 어른들도 분명 혀 길이를 정확하게 알고 한 말이다. 한데 한번 뱉어버린 말은 이미 엎질러진 물처럼 주워 담을 수 없다. 활시위를 떠난 화살이나 흘러간 세월을 돌이킬 수 없듯이 말이다.

혀(설, 舌, tongue)가 하는 일은 크게 세 가지다. 첫째, 음식과 침을 고루고루 섞어주고 음식을 삼키게 한다. 둘째, 다닥다닥 바특하게 돋은 미뢰(맛봉오리)가 1만여 개의 유두돌기에 끼어 있어 맛을 느낀다. 혓바닥 말고도 입천장·뺨의 안쪽 벽과 인두·후두·잇몸에도 미각이 있다. 특히 어린아이는 목젖이나 목구멍에까지 미뢰가 있어 어른보다 훨씬 민감하게 여러 맛을 느낀다고 한다. 셋째, 발음(소리 내기)이다. 혀가 없으면 말이 어눌해진다. 혀를 움직이지 않고 그대로 두고 말을 해보라. 설음(헛소리)은 윗잇몸에 혀를 붙여서 내는 소리로 'ㄷ, ㄸ, ㅌ, ㄴ'이 이에 든다. 또 입안에서 여러 소리(음색)를 만드니 혀가 짧으면 혀짜래기(혀짤배기)소리를 낸다.

미각(맛)은 기본적으로 네 가지인데 이것들이 이리저리 섞여 여러 맛을 만든다. 그야말로 삼원색(빨강·노랑·파랑)이 많은 색깔을 지어내는 것과 같다. 여태껏 가르치고 배워온 "혀끝은 단맛, 혀뿌리는 쓴맛, 양쪽 가장사리는 신맛, 가운데는 짠맛을 본다."는 네 가지 맛지도 이야기는 꽤나 거짓이란다. 맛은 혀의 모든 곳에서 느끼고, 그 느낌의 정도가 자리에 따라 조금 다를 뿐이라는 것.

일본말로 '맛 좋은', '감칠맛'이란 뜻을 가진 우마미(umami)를 다섯 번째 맛으로 치는데, 천연 양념인 미역·다시마 등의 해조류 국물이나 화학조미료인 글루탐산모노나트륨(monosodium glutamate MSG), 곧 조미료 등의 맛을 이른다. '매움'은 아픈 감각(통각)이고, '떫음'은 오그라들고 조이는 눌림 감각(압각)으로 미각(맛)에 들지 않는다.

이런 말 들어봤니?

혀 밑에 죽을 말 있다   말을 잘못하면 화를 입게 되니 말조심 하라는 말.

혀 빠지게   몹시 힘을 들여.

혀가 굳다   놀라거나 당황하여 말을 잘하지 못하다.

혀가 꼬부라지다   병이 들거나 술에 취하여 발음이 똑똑하지 아니하다.

혀가 내둘리다   몹시 놀라거나 어이없어서 말을 못 하게 되다.

혀가 닳다 / 혀에 굳은살이 박이도록   다른 사람이나 물건에 대하여 거듭거듭 말하다.

혀가 돌아가는 대로   그다지 깊게 생각하지 않고 말을 툭툭 되는대로 마구.

혀가 짧다   발음이 분명하지 아니하거나 말을 더듬거리다.

혀가 짧아도 침은 길게 뱉는다   제 분수에 비하여 지나치게 있는 체함을 비유하여 이르는 말.

혀를 빼물다   마음이 울적하거나 기분이 좋지 않아 아무 말 없이 가만히 있다.

혓바닥에 침이나 묻혀라   빤한 거짓말을 하는 사람에게 그런 얕은 수작은 그만두라고 쏘아붙이는 말.

혓바닥째 넘어간다   먹고 있는 음식이 아주 맛있다는 말.

설저유부(舌底有斧)   혀 아래 도끼 들었다는 뜻으로, 말을 잘못하면 화를 입게 되니 말조심을 하라는 말.

치망설존(齒亡舌存)   단단한 이는 빠지고 물렁한 혀는 남는다는 뜻으로, 강한 사람이 먼저 망하고 부드러운 사람이 꿋꿋이 버팀을 이르는 말.

목젖

목젖에서도 침이 분비된다고?

목젖은 오직 사람에게만 있는 기관으로 다른 포유류 중에서도 개 코원숭이(바분, baboon)만 그 흔적이 발견된다고 한다. 목젖은 입을 짝 벌렸을 때 안쪽 입천장에 붙은 길쭉한 살점이다. 목젖(구개수, 口蓋垂, uvula)은 원뿔(원추)꼴로 두두룩하게 드리우고(아래로 늘어짐), 목 젖 양옆에 있는 편도는 음식과 공기에 묻어 들어오는 해로운 세균을 막는 우리 몸의 일차 방어선이다. 목젖 뒤편의 목구멍(인두)은 코인 두·입인두·후두인두 세 부분으로 나뉘고, 맨 위의 코인두(비인두)는 코에서 목으로 드나드는 공기가 지나는 길이다.

입천장(구개, 口蓋, palate)은 단단한 앞쪽 입천장인 경구개(센입천 장)와 물렁한 뒤편의 연구개(물렁입천장)로 나뉜다. 다시 말하면 목젖 은 연구개의 뒤 중앙에 붙어 있으면서 코인두를 열고 닫는다.

발음할 때 혓바닥이 센입천장(경구개)에 닿아서 나는 소리를 구 개음(입천장소리)이라 하고, 거기에는 'ㅈ, ㅊ'이 있다. 그리고 'ㄷ, ㅌ' 이 'ㅣ' 모음과 함께 쓰이면 구개음인 'ㅈ, ㅊ'으로 바뀌거나 'ㄷ' 뒤 에 '히'가 올 때 'ㅎ'과 결합하여 이루어진 'ㅌ'이 'ㅊ'으로 바뀌어 소

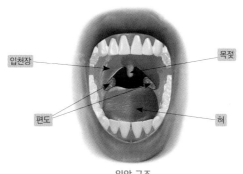

입안 구조

리 나는 현상을 구개음화(입천장소리되기)라 한다. 이는 구개음이 아닌 소리가 구개음으로 바뀌는 것으로, 구개음화가 일어나는 까닭은 소리를 좀 더 쉽게 내기 위해서이다. 그 예로 '굳이→구지'로, '같이→가치'로 변하는 것과 '굳히다→구치다'를 들 수 있다.

목젖은 초기 태아 발생단계에서 좌우 조직이 서로 가까이 달라붙어 생기는데, 가끔은 선천적으로 두 조직이 달라붙지 못하는 '갈라진 목젖'과 입천장이 갈라지는 '입천장갈림증(구개열)'인 경우도 있다. 곧 얼굴이 만들어지는 임신 4~7주 사이에 발생하는 입천장(구개) 조직이 정상적으로 아물지 못하는 현상으로 요새는 감쪽같이 성형수술을 한다.

물을 삼킬 적에 꿀꺽하는 떨림소리는 목젖이 내는 소리로 제아무리 소리 내지 않고 마시려 하지만 그럴 수 없고, 체질(몸바탕)에 따라 지나치거나 덜할 뿐이다. 그리고 요새 목젖에서 많은 양의 침이 순간적으로 분비된다는 것이 새로이 알려졌다.

목젖은 수면에도 영향을 미친다. 술을 넘치게 마셨거나 과로하면 목젖이 기도(숨길)를 막으면서 코골기를 하는데, 본래 목젖이 크거나 긴 사람은 영락없이 심하게 코를 곤다. 그 때문에 수면 중에 일시적으로 호흡(숨쉬기)이 정지되는 수면무호흡증에 걸리기 마련이다. 한 번에 무려 10~30초간, 한 시간에 20~30번씩이나 자주 호흡이 정지되는 사람은 목젖을 통째로 잘라버리거나 일부를 도려내기도 한다.

다음은 후두개(후두덮개) 이야기다. 후두개는 기관(숨관) 입구인 후두에 쑥 내민 이파리처럼 생긴 편평한 탄성연골이다. 후두 입구에 있으면서 꾸역꾸역 음식을 먹을 적에 음식이 식도로만 들고 후두로 들지 않게 재빨리 눌러 덮는다. 숨을 쉴 때는 얼른 열어서 기관(숨관)으로 공기가 드나들게 한다. 그러나 자칫 이런 반사운동이 제대로 일어나지 않아 침이나 음식이 기도(숨길)로 새들어 가는 수가 있으니 이럴 때는 갑자기 세차게(발작적으로) 기침을 하여 이물을 깔끔하게 밀어낸다. 이를 '사레들린다'고 한다.

연구개도 후두개와 비슷한 일을 한다. 목젖은 음식이나 물을 삼킬 때 연구개를 눌러(닫아) 그것들이 코(비강)로 들어가는 가는 것을 막는다. 이따금 허겁지겁 서둘러 밥을 먹다가 코로 밥풀이 튀어나오는 수가 있는데 코인두가 앙다물지 못한 탓으로 이 또한 사레다. 한마디로 연구개나 후두개는 공기가 드나드는 길에 다른 이물이 난데없이 드는 것을 철저하게 막는 장치들이다.

목젖(이) 떨어지다 너무너무 먹고 싶어 하다.

목젖이 간질간질하다 말을 하고 싶어 안달복달 조바심이 나다.

목젖이 내리다 감기나 과로 따위로 목젖이 붓다.

목젖이 닳다 몹시 먹고 싶어 하다.

목젖이 방아를 찧다 북한어로, 군침을 삼킬 때마다 목젖이 오르내릴 정도로 몹시 먹고 싶어 하다.

목젖이 타는 것 같다 긴장하여 마음 졸임을 빗대어 이르는 말.

침

굴을 손에 쥐어줘도 침을 흘리지 않는다면?

타액(침, saliva)은 타선(침샘)에서 분비되고, 무색으로 끈적끈적하며, 99.5퍼센트가 물이고, 나머지 0.5퍼센트에는 전해질·뮤신·당단백질·효소 등이 들었다. 하루에 보통 1~1.5리터를 분비하고, 음식을 씹는 동안에 많이 나오며, 자극이 없으면 좀체 분비하지 않고, 잠잘 때는 침 흘리기를 멈춘다. 우리 몸이 다 그렇듯 이렇게 침샘도 한껏 쉬는 때가 있다.

귀밑샘·턱밑샘·혀밑샘의 세 침샘은 양편으로 한 쌍씩 있다. 귀밑샘은 침샘 중에서 가장 크고, 전체 침의 20~25퍼센트를 만들며, 턱밑샘은 귀밑샘보다 작지만 70~75퍼센트를 만든다. 혀밑샘은 '메기 침만큼' 아주 적게 만들지만 소화관을 보호하고, 소화를 촉진하는 진득한 점액단백질인 뮤신(mucin)을 듬뿍 만든다. 목젖도 침을 만든다고 하였는데, 입안에는 800~1000여 개의 매우 작은 침샘들이 퍼져 있어 뮤신을 만든다고 한다.

침에는 구조가 복잡한 다당류(녹말)를 보다 간단한 이당류인 맥아당(엿당)으로 분해하는 프티알린(ptyalin)이라 불리는 아밀라아제

(amylase)효소가 들었다. 나머지 60퍼센트의 아밀라아제는 이자(췌장)에서 분비된다. 침은 음식을 손쉽게 삼키게 할뿐더러 구강 속의 세균 증식억제·충치예방·혈액응고·볼에 난 상처(스리) 따위를 쉽게 아물게 한다.

19세기 러시아의 파블로프(Pavlov)는 개에게 밥을 줄 때마다 종을 딸랑딸랑 울렸다. '종이 울리면 음식을 준다.'는 것이 개의 대뇌(큰골)에 기억되게 하여 조건반사중추가 대뇌에 만들어지게 한 것이다. 여러 번 그렇게 되풀이하면 먹이를 주지 않고 종만 쳐도 낌새를 채고는 바로 침을 흘리니 '파블로프의 조건반사' 현상이다. 조건반사는 반드시 대뇌와 연관된 것임을 기억하자.

개뿐만 아니라 사람도 다르지 않다. 보통 사람은 탐스럽고 향기로운 귤 그림을 보거나 냄새만 맡아도, 또 이야기만 들어도 조건반사로 침이 넘쳐흐른다. 그러나 귤을 한 번도 본 적이 없거나 먹어보지 못했다면 큰골에 조건반사중추가 생기지 않아 비록 감귤을 손에 쥐어줘도 침을 흘리지 않는다.

꿀 먹은 벙어리요, 침 먹은 지네라 할 말이 있어도 못 하거나 겁나서 기를 펴지 못하고 꼼짝달싹 못함을 이르는 말.

누워서 침 뱉기 / 하늘 보고 침 뱉기 남을 해치려고 하다가 도리어 자기가 해를 입게 되는 경우를 이르는 말.

돈에 침 뱉는 놈 없다 사람은 누구나 돈을 매우 귀히 여긴다는 말.

마른침을 삼키다 몹시 긴장하거나 초조해하다.

말한 입에 침도 마르기 전 무슨 말을 하고 나서 금방 제가 한 말을 뒤집어 그와 달리 행동함을 빗대어 이르는 말.

메기 침만큼 아주 적은 양을 이르는 말.

배고픈 때에는 침만 삼켜도 낫다 공복(배 속이 비어 있음)에는 조그마한 것으로 입맛만 다실 수 있어도 허기를 좀 달랠 수 있다는 말.

입술에 침이나 바르지 얼굴 표정 하나 변하지 않고 천연덕스럽게(능청스럽게) 거짓말하는 사람에게 그런 얕은 수작은 그만두라고 핀잔하는 말.

침 발라 놓다 자기 것이라 표시하다.

침 발린 말 겉으로만 꾸며서 듣기 좋게 하는 말.

침 뱉은 우물 다시 먹는다 두 번 다시 안 볼 것처럼 모질게 대한 사람에게 나중에 도움을 청할 일이 생긴다는 말.

침(을) 뱉다 아주 쩨쩨하게 생각하거나 같잖게 여기어 멸시하다.

목구멍(목)

밥줄과 숨길로 통하는 길

목구멍(인후, 咽喉, throat)은 구강(입안) 맨 안쪽에 있고, 식도(밥줄)와 기도(숨길)로 통하는 곳으로 인두는 식도의 들목이며, 후두는 기관(숨관)의 어귀다. 목구멍은 호흡·연하(음식 삼키기)·발성 기능들을 담당한다. 이비인후과(耳鼻咽喉科) 병원은 귀(耳), 코(鼻), 인두(咽頭), 후두(喉頭)를 전문으로 치료하는 곳이다. 이 기관들은 모두 서로 통하니 눈과 코를 잇는 비루관(코눈물관), 가운데귀와 목(인두)이 통하는 이관(유스타키오관)이 있다. 그래서 한참 울고 나면 비루관으로 흐른 눈물이 코로 콧물이 되어 나오고, 비행기를 탔을 때 귀가 멍멍하면 입을 짝 벌려 목과 귀의 기압이 이관을 통해 같게끔 조절한다.

목(경부, 頸部, neck)은 해부학적으로 머리와 몸통을 이어주는 잘록한 부위로 이곳에 자리 잡은 중요 기관은 후두·기도·식도·갑상선·혈관·신경·림프조직 등이다. 그런데 돼지나 하마, 고래 따위는 모가지가 하도 굵어서 머리와 몸통이 따로 구분되지 않지만 사슴이나 기린 같은 동물은 목이 몹시 길어서 한 발(두 팔을 양옆으로 펴서 벌렸을 때 한쪽 손끝에서 다른 쪽 손끝까지의 길이)이 넘는다. 이렇게 모

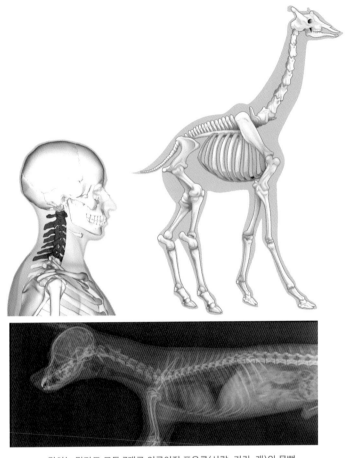

길이는 달라도 모두 7개로 이루어진 포유류(사람, 기린, 개)의 목뼈

가지가 짧거나 길어도 모든 포유류의 경추(목뼈)는 오로지 7개씩이
다. 말할 필요 없이 사람도 다르지 않다.

목의 앞면 가운데에 높게 툭 튀어나온 곳을 후두융기라 하는데,
성인 남자에서는 불룩 솟아 있으나 어린이나 여자는 거의 나타나
지 않으니 남녀가 다른 이런 성적 특성을 이차성징이라 한다. 종교

전설에 따르면 최초의 인간 아담이 금단(못하도록 금함)의 열매(사과)를 따 먹다가 신의 꾸중을 듣고 사과가 목에 걸려 그런 것이라 하여 '아담의 사과(Adam's apple)'라 부른다.

다음은 식도(食道, 밥줄, esophagus) 이야기다. 식도는 소화기관으로 기관(숨관) 뒤편으로 내려가므로 도저히 손으로 만질 수 없다. 성인의 것은 지름이 얼추 2~3센티미터이고, 길이는 보통 25센티미터이다. 식도의 양끝에는 괄약근(括約筋, 조임근)이 있어 꽉 쇠어져 있다. 음식물이 위장으로 들어갈 때는 쉽게 열리지만 위 속 내용물이 식도를 타고 올라가는 것은 한사코 막으려 든다.

젖먹이들은 아직도 조임근이 덜 발달한 탓에 젖을 실컷 먹은 다음 위(밥통)의 공기를 빼느라 끄르륵 트림하면서 젖을 토한다. 위액(염산)이 든 음식물이 식도로 거슬러 올라오는 역류식도염은 심한 통증을 일으키는데, 이것은 식도와 위 사이의 조임근의 힘이 달려서(모자라서) 일어난다.

그리고 스마트폰이나 컴퓨터를 너무 오래 써서 사뭇 자세가 비틀어져 거북이 목처럼 앞으로 수그러지는 증상을 '거북목증후군', 큰길에서 좁은 길로 들어가는 어귀를 길목, 물병 아가리 아래쪽의 잘록한 부분을 병목이라 하며, 도로의 폭이 병목처럼 갑자기 좁아진 곳에서 줄줄이 차가 막히는 상태를 '병목현상'이라 한다. 또한 장사하기 좋은 자리를 목이라 하고, 온돌방에서 아궁이 가까운 쪽의 방바닥을 일컬어 '아랫목'이라 한다.

거미줄에 목을 맨다   끈도 아닌 거미줄로 목을 맬 노릇이라는 뜻으로, 어처구니없는 일로 몹시 억울하고 원통함을 이르는 말.

목(모가지) 빠지게 기다리다   몹시 안타깝게 기다리다.

목구멍 때도 못 씻었다   양에 차지 못하게 아주 조금 먹었다는 말.

목구멍(입)이 포도청   먹고살기 위해서는 안 될 짓까지 하지 않을 수 없음을 이르는 말.

목구멍까지 차오르다   분노·욕망·충동 따위가 참을 수 없는 지경이 되다.

목구멍에 풀칠하다   굶지 않고 겨우겨우 살아가다.

목구멍의 때를 벗긴다   오랜만에 맛있는 음식을 배부르게 먹다.

목마른 놈이 우물 판다   제일 급한 사람이 서둘러 일하게 되어 있다는 말.

목에 칼이 들어와도   죽음을 각오하고서라도 끝까지 버티겠다는 말.

목에 힘을 주다   거드름을 피우거나 남을 깔보는 태도를 취하다.

목을 조이다(죄다)   고통스럽게 하여 망하게 하거나 못살게 하다.

목이 간들(간당/달랑)거리다   죽을 고비에 처하거나 직장에서 쫓겨날 판이다.

목이 막히다   설움이 북받침을 비유한 말.

물만밥이 목이 메다   밥을 물에 말아 먹어도 잘 넘어가지 않을 정도로 무척 슬프다는 말.

함포고복(含哺鼓腹)   잔뜩 먹고 배를 두드린다는 뜻으로, 먹을 것이 풍족하여 아무 걱정 없이 즐겁게 지냄을 이르는 말.

턱

먹거나 말을 할 때 두 턱이 같이 움직이는 게 아니라고?

턱(악, 顎, jaw)은 척추동물에만 있는 안면(얼굴)의 주요한 부위로 상악(위턱)과 하악(아래턱)으로 나뉜다. 턱은 음식을 씹어 먹는(저작) 기관이고, 으레 남자가 여자보다 크고, 튼튼하며, 넓적하다. 또 턱은 머리뼈에 고정된 상악골(위턱뼈)과, 머리뼈와 관절 형태로 연결된 하악골(아래턱뼈)로 가르고, 위아래턱뼈 앞쪽에는 치아가 있다. 턱뼈의 좌우 아래에 위턱을 잇는 관절 근육이 있어, 아래턱을 움직여서 맞물리는 이로 음식을 질근질근 씹고, 말도 한다.

'턱주가리'란 아래턱을 속되게 이르거나 동물의 턱을 말한다. 얼굴의 턱과 다르게 마땅히 그리하여야 할 까닭이나 이치를 뜻하여 "알 턱이 없다", "있을 턱이 없다", "그럴 턱이 없다", "늘 그 턱이지요" 따위로 쓰인다. "한턱내다"의 턱은 한바탕 남에게 음식을 대접함을 이른다.

위턱뼈는 안구(눈)의 바닥이 되고, 옆쪽은 콧속의 벽과 바닥이 되며, 아래로는 입천장을 만든다. 얼굴에서 가장 크고 단단한 뼈인 아래턱은 U자형(말굽 모양)으로 치아가 수평으로 잇닿아 배열된다. 보

75

통 음식을 먹거나 말을 할 때 두 턱이 같이 움직이는 것으로 여기기 쉽지만 그렇지 않다. 실은 위턱은 단단히 고정돼 있고, 아래턱만 위아래로 거침없이 힘차게 움직인다.

어떤 까닭에서인지 입을 벌리거나 다물 때 턱관절 부위에서 삐걱거리는 소리가 나거나 통증이 느껴질 때가 있다. 이렇게 도무지 입을 벌리기 어렵다거나 음식을 씹기 힘들다면 턱관절에 문제가 있다는 기미(징조)다. 이를 너무 세게 악물거나 입을 짝 벌리고 하품을 하면 턱관절이 어긋나는 수가 있는데, 턱관절탈구이다. 가끔 그런 우습지도 않은 일이 일어날 수 있으니 조심할 필요가 있다.

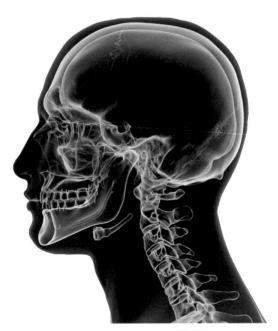

아래턱뼈

턱은 얼굴 모습을 결정하는 데 중요한 역할을 한다. 위아래턱의 상태에 따라 돌출 턱·주걱턱·무턱·사각턱 등으로 얼굴 모양이 만들어진다. 이런 것을 교정하는 수술 가운데 대표적인 것이 턱뼈나 치아를 고르게 바로잡는 양악 수술이다.

우리나라도 요새 와서는 점점 부드러운 음식에 길들여지면서 아래턱이 조금씩 작아지고 있다고 한다. 동양인들은 주걱턱이 흔하지만 서양인은 아래턱이 작은 경우가 많다. 턱은 무엇보다 나이를 먹어 다 빠진 이를 심는 기틀이 된다. 그러니 턱뼈 하나 튼튼한 것만도 이를 데 없는 복이렷다!

가을비는 턱 밑에서도 긋는다 '떡비'라 부르는 가을비는 아주 잠깐 오다가 곧 그치기 일쑤임을 이르는 말.

거지 턱을 쳐 먹어라 하는 짓이 다랍고 치사스러운 사람을 비웃는 말.

까마귀 아래턱이 떨어질 소리 상대편으로부터 어처구니없는(천만부당한) 말을 들었을 적에 어이없어 그런 소리 말라고 타이르는 말.

명 짧은 놈 턱 떨어지겠다 하도 오래 기다리게 되어 답답하다.

모처럼 태수(각 고을의 으뜸 벼슬) 되니 턱이 떨어져 애써 목적한 바를 겨우 이룬 일이 헛일(허사)이 되고 맒을 빈정대는 말.

손자 턱에 흰 수염 나겠다 무엇을 오랫동안 기다리기가 싫증이 나고 지루하다는 말.

숨이 턱에 닿다 몹시 숨이 차다.

아래턱이 위턱에 올라가 붙다 상하 관계를 무시하고 아랫사람이 윗자리에 앉을 수는 없다는 말.

턱 떨어지는 줄 모른다 어떤 일에 몹시 정신이 팔려 있다.

턱 떨어진 개 지리산 쳐다보듯 공연히 넋 놓고 무엇을 멍하니 바라보기만 하는 것을 비난하여 이르는 말.

턱을 대다 어떤 사람을 믿고 의지로 삼는다는 말.

수염

추운 지방 사람들은 왜 얼굴에 털이 더 숱지게 날까?

　남자에만 독특하게 나타나는 수염은 지배자의 권위나 권력의 상징이었으니 레닌·스탈린·호찌민 등 사회주의혁명 지도자들 대부분이 수염을 길렀고, 비스마르크·링컨·히틀러도 털이 더부룩하게 난 털보였다. 이슬람 남자(무슬림)들도 수염을 기르니 아마도 중동지역은 모래바람이 거세어서 코마개 대용으로 길렀던 것이 하나의 관습으로 남지 않았을까 싶다.

'철의 재상'이라 불린 비스마르크의 수염

무슬림 군인의 수염

수염(鬚髥, mustache)은 피부(살갗)와 마찬가지로 케라틴(keratin) 단백질이 주성분이고 살갗이 변한 것으로, 케라틴이 여러 층 쌓인 탓에 억세고 뻣뻣하다. 보리나 밀 따위의 낟알에 송송 난 까끄라기도 수염이고, 길기로 으뜸인 옥수수수염은 꽃가루가 달라붙는 암술(대)이다. 고양이나 쥐 따위의 입 언저리에 난 뻣뻣한 털이나, 미꾸라지나 메기의 입가에 난 거친 수염은 외부 자극을 알아차리는 기관이다. 한데 사람은 발바닥과 손바닥, 입술과 눈꺼풀을 빼놓고는 전신에 굵다란 수염이 아닌 가는 털이 난다.

코 아래에 난 수염을 콧수염, 아래턱에 난 수염을 턱수염, 귀밑에서 턱까지 잇따라 난 수염을 구레나룻이라 하고, 숱이 적으면서 별로 길지도 않은 턱수염을 염소수염이라 한다. 크게 보아 수염은 추위를 막고(추운 지방 사람들일수록 얼굴에 털이 숱짐), 더우면 그늘을 지워 피부를 보호하며, 자외선을 막고 끊어(차단) 피부암을 예방한다. 콧속 털은 세균이나 먼지들을 거르고, 사막 같은 데서는 모래가 콧구멍으로 날아드는 것을 막는다.

수염은 이차성징으로 남성호르몬인 안드로겐(androgen)의 영향을 받아 사춘기에 들면서 거뭇거뭇 나기 시작한다. 수염도 머리카락 같아서 숫기 넘치는 건장한 사람 것은 꼿꼿하고 윤기가 흐르며 빠르게 자란다. 이렇게 건강할 때 쑥쑥 자란다는 것은 성호르몬 대사가 몹시 활발하다는 증거이다. 늙고 병든 사람 것은 힘없이 푸석푸석하고 자람도 더디다.

남성호르몬은 고환(정소)에서 만들어지는 것으로 수퇘지고기에서 지린내를 내기에 거세(수컷의 불알을 없앰)를 한다. 또한 거세한 궁중 내시(환관)는 남성호르몬인 테스토스테론(testosterone)을 만들지 못하기에 수염이 통 나지 않는다.

수염은 하루에 0.27~0.38밀리미터씩 자라며 낮보다 밤에, 겨울보다 여름에 더 잘 자라고, 사랑에 빠진 남성이 더 잘 자란다고 한다. 사랑이란 만병통치약이라 사랑하면 심신이 튼실하고, 더없이 예뻐진다! 수염을 자르지 않고 그대로 두면 1년에 30센티미터 넘게 자라 배꼽까지 내려 뻗는다(가장 긴 기록은 4.29m).

사실 턱수염은 남성들에겐 귀찮은 존재다. 시도 때도 없이 이내 길어대니 그때그때 면도질을 해야 한다. 그런데 수염을 덥수룩하게 기르는 사람보다 수염을 깎는 사람들이 더 많으니 그 까닭은 무엇일까. 수염을 깎음으로써 얼굴이 곱살(곱상)해져서 젊어 보이고, 단정하여 호감이 간다. 참고로 수염을 자주 깎는다고 얄따란 털이 굵고 거세지지 않으며, 수염을 뽑는다고 한 구멍에 둘이 나지 않는다.

나룻(수염)이 석 자라도 먹어야 샌님 배가 불러야 체면도 차릴 수 있다는 뜻으로, 먹는 것이 중요함을 빗대어 이르는 말.

늙은이한테는 수염이 있어야 한다 무엇이나 격에 맞는 표식이 있어야 잘 어울린다는 뜻으로, 수염이 어른스러움을 나타내는 또 다른 상징물임을 비유하여 이르는 말.

수염을 내리쓴다 남에게 마땅히 하여야 할 일도 하지 아니하고 모르는 체 시치미 뚝 떼는 것을 비꼬는 말.

수염의 불 끄듯 조금도 늦추지(지체) 못하고 성급하게 후닥닥 서둘러 일을 처리하는 경우를 이르는 말.

수염이 대 자라도 먹어야 양반이다 체면을 차리는 것도 배가 불러야만 할 수 있다.

오래 살면 맏며느리 얼굴에 수염 나는 것 본다 북한어로, 오래 살다 보면 생각지도 못한 갖가지 일을 다 당하게 된다는 말.

자식은 수염이 허애도 첫걸음마 떼던 어린애 같다 북한어로, 자식이 늙어도 부모에게는 늘 어린아이처럼 보인다는 뜻으로, 자식에 대해 마음을 놓지 못하고 걱정하는 부모의 마음을 이르는 말.

어깨

흔들고, 돌리고, 들어 올리고

어깨(견, 肩, shoulder)는 사람 몸에서 목의 아래 끝부터 양팔의 위 끝에 이르는 부분을 가리킨다. 옷소매가 붙은 솔기와 깃 사이, 짐승의 앞다리나 새의 날개가 붙은 윗부분을 일컫기도 한다. 또한 힘이나 폭력 따위를 일삼는 깡패·불량배를 쌍스럽게 부르는 말이기도 하다. 어깨를 '어깻죽지'라 하며, '어깨춤'이란 신이 나서 어깨를 위아래로 으쓱거리며 추는 춤이다.

어깨는 해부학적으로 보아 팔이 달라붙는 부위다. 그리고 어깨관절은 다른 관절(뼈마디)과는 퍽 다른 절구관절이다. 이른바 '공과 공이 들어가는 구멍'과 같은 모양새로, 여기서 위팔뼈의 머리는 공(ball)에 해당하고, 견갑골(어깨뼈)은 오목 들어간 소켓(socket)에 해당한다. 절구란 곡식을 빻거나 찧으며 떡을 치기도 하는 기구로, 통나무나 돌의 속을 둥그스름하게 파낸 구멍에 곡식을 넣고 절굿공이로 찧는다.

어깨관절은 회전 근육(힘줄)으로 덮여 있어 팔을 흔들고 돌리며, 들어올리고, 손을 여러 방향으로 움직이게 한다. 이렇게 어깨는 우리 몸에서 운동 범위가 가장 크고, 넓고, 손을 여러 각도로 움직이게 하여 많은 정밀 작업을 하게 한다. 어깨가 빠지는(어깨탈구) 날에는 손도 옴짝달싹하지 못한다.

어깨병 중에서 대표적인 것이 오십견과 회전근파열이다. 오십견은 어깨관절의 윤활(점액)주머니가 퇴행성(기능이 감퇴하거나 정지함) 변화를 일으키면서 염증이 생기는 병으로 주로 50대의 나이에 많이 걸린다 하여 그렇게 불린다. 회전근파열은 어깨를 움직이는 근육이 4개 있는데 그것이 찢어지는 것이다.

"농부는 죽으면 어깨부터 썩는다."는 말이 있다. 어깨로 먹고 사는 남자들은 지게로 짐을 짊어지거나 어깨에 둘러메지만, 여자들은 겨드랑이에 끼거나 머리에 인다. 그리고 남자 어깨가 여자보다 훨씬 크고, 여자들의 넓은 엉덩이와 대조를 이루니 남자 몸은 아래로 갈수록 가늘어지는 반면 여자는 넓어진다. 사람을 포함하는 모든 영장류는 다른 척추동물에 견주어 유달리 어깨가 잘 발달하였다.

아이들도 싸움을 할 때 그렇지만, 침팬지 수컷도 적수(라이벌)를 만나면 은근히 거드름을 피우고, 숫기를 부리느라 눈알을 부라리며 부아를 돋우고 성깔을 내는 등 난리굿을 벌인다. 무엇보다 먼저 몸집을 크게 보이려고 어깨를 치올리고, 심지어 어깨선을 더 키우려고 털까지 빳빳이 세운다.

미식축구 선수들은 어떤가. 유니폼에 어깨받침을 두툼하게 넣어 상대를 지레 겁먹게 하거나, 스크럼을 짜서 어깻죽지를 힘껏 겨

어깨싸움을 벌이는 미식축구 선수들

누고 밀어제쳐 어깨싸움을 한다. 군인이나 경찰들은 제복 어깨에다 견장(계급장)을 줄줄이 붙인다. 친구들은 어깨동무를 하고, 연인들은 서로 어깨를 기댄다.

　또한 서양인들이 즐겨 하는, 어깨를 으쓱(들썩) 추켜올리는 어깻짓은 몸짓언어(보디랭귀지)로 무관심·절망감·체념 등의 신호를 보내는 행위이다. 그 밖에 어깨를 토닥거려 칭찬을 하거나, 서로 어깨를 맞부딪쳐서 기쁨을 나타내고, 칭찬 격려를 한다.

너무 뻗은 팔은 어깨로 찢긴다　지나치게 미리 손을 쓰다가 도리어 실패하게 되는 것을 빗대어 이르는 말.

어깨(어깻죽지)가 처지다　낙심하여 풀이 죽고 기가 꺾이다.

어깨가 가볍다　무거운 책임에서 벗어나 마음이 홀가분함을 이르는 말.

어깨가 귀를 넘어서까지 산다　가뜩이나 허리가 구부러져서 어깨가 귀보다 높이 올라갈 때까지, 곧 어깻등이 굽어 목이 자라목처럼 어깨 사이로 꺼져 들어갈 때까지 오래오래 산다는 뜻으로, 한 일도 별로 없이 길게 산다는 말.

어깨가 움츠러들다　떳떳하지 못하거나 부끄러운 기분을 느끼다.

어깨를 견주다(겨누다/겨루다)　서로 비슷한 지위나 힘을 가진다는 말.

어깨를 걷다　같은 목적을 위하여 행동을 서로 같이함을 빗대어 이르는 말.

어깨를 낮추다　겸손하게 자기를 낮추다.

어깨에 힘이 들어가다　거만한 태도를 취하다.

한 어깨에 두 지게 질까　한 사람이 동시에 두 가지 일을 할 수는 없다는 말.

손

인류 문화를 빚어온 정교한 도구

손(수, 手, hand)은 사람의 팔목 끝에 달려 있으며, 손등·손바닥(손바닥)·손목으로 나뉘고, 그 끝에 다섯 개의 손가락이 붙어 있다. 그런데 사람이 뒷다리로 곧추서서 걷다(직립보행) 보니 앞다리(손)가 하릴없이(어쩔 수 없이) 자유로워졌다. 결국 사람은 손으로 정밀하고 교묘한 도구를 다루게 되었고, 섬세하고 정교하기 짝이 없는 컴퓨터나 스마트폰까지 만들기에 이르렀다.

찬란한 인류 문화는 영락없이 유연하고 세밀한 손가락놀림에서 비롯하였다. 건반을 두드리는 피아니스트의 손, 컴퓨터 좌판을 두들기는 셀 수 없는 세상 사람들의 열 손가락! 손의 움직임은 뇌 기능을 자극하므로 젓가락질 또한 뇌 훈련(익힘)에 좋을 것이다.

만약 사람의 엄지손가락이 다른 손가락과 맞닿지 않았다면(엄지발가락은 다른 네 개의 발가락과 맞닿지 않음) 어떻게 되었을까? 연필 하나도 다섯 손가락으로 감아쥐는 어린아이들이

손바닥

나 원숭이 꼴이 날 뻔했다. 인간 문화는 이렇게 손가락 맞닿음에서 비롯된 것이라 해도 지나친 말(과언)이 아니다.

고목의 삭정이(말라 죽은 나뭇가지) 같은 손에는 그 사람이 겪어낸 모진 세월의 나이테(역사)가 오롯이 새겨져 있다. 손톱 발톱 길 새 없이 손으로 먹고 사는 일꾼들의 손가락마디가 밤톨만큼이나 굵디굵다. 궂은일 하느라 지문마저 닳아버린 땀기 없는 어머니 일손, 새벽 정화수 떠놓고 두 손 모아 자식 잘 되기를 비는 엄마의 비손, 제자 등짝을 만져주는 다정한 선생님 손길, 씨앗 뿌리고 흙을 토닥토닥 다져주는 농부의 손 등등…… 손 하나에 우주가 온통 깃들었다 하겠다. 한편 손은 사람에 따라 왼손잡이와 오른손잡이, 한손잡이(두 손 가운데 어느 한쪽 손만 잘 쓰는 사람)와 양손잡이가 있다. 신통하게도 손(팔)이 없는 사람은 발(다리)이 그 일을 대신한다.

손금(수상)이란 손바닥에 줄무늬를 이룬 금을 말하며, 그것을 보고 그 사람의 운수나 길흉을 판단한다. 또 사람들은 팔·손·손가락·손톱 등의 생김새와 손바닥에 뻗은 무늬(장문)인 생명선·두뇌선(지능선)·감정선·운명선 등을 따진다. 하지만 누가 뭐라 해도 운명은 개척해야 하는 것!

알통 밴 청소년의 팔뚝은 얼마나 멋지고 우람한가. 공부방에 역기(바벨)가 있어야 하는 까닭이다. 이두박근(위팔두갈래근)은 위팔의 앞면에 존재하면서 팔을 오므리고 돌리는 일을 하고, 삼두박근(위팔세갈래근)은 위팔 뒤쪽에 있는 근육으로 팔을 벌리(펴)게 한다.

도둑질을 해도 손발이 맞아야 한다　어떤 일이든 두 편에서 서로 뜻이 맞아야 이루어질 수 있다는 말.

뛰어보았자 부치님 손바닥　도망쳐보아야 크게 벗어날 수 없음을 비꼬아 이르는 말.

손 안 대고 코 풀기　일을 힘 안 들이고 쉽사리 해내다.

손타다　물건의 일부가 없어짐을 뜻하는 말.

손금을 보듯 환하다　낱낱이 환히 다 알고 있다는 말.

손바닥(을) 뒤집듯　태도를 갑자기 또는 노골적으로 바꾸기를 아주 쉽게 하거나, 일하기를 매우 쉽게 함을 빗대어 이르는 말.

손바닥에 장을 지지겠다　제 주장이 틀림없다고 장담(큰소리)하는 말.

손바닥에 털이 나겠다　게을러서 일을 하지 아니함을 빗대어 이르는 말.

손바닥으로 하늘 가리기　불리한 상황을 임기응변(그때그때 처한 사태에 맞추어 바로 그 자리에서 결정하거나 처리함)으로 대처하다.

손발이 맞다　함께 일을 하는 데에 마음이나 행동방식 따위가 서로 맞다.

손에 물 한 방울 묻히지 않고 살다　여자가 힘든 일을 아니하고 호강하며 편히 사는 것을 비유하여 이르는 말.

손이 맵다　일하는 것이 빈틈없고 매우 야무지다는 말.

손이 크다　씀씀이가 헤픔을 뜻하는 말.

제 손도 안팎이 다르다　손 하나도 손바닥과 손등이 다르니 남들끼리 마음이 서로 같지 않음을 일컫는 말.

팔 고쳐 주니 다리 부러졌다 한다 무리하게 내리 요구하거나 사고가 잇따라 일어남을 비유하여 이르는 말.

팔이 들이굽지 내굽나 자기와 가까운 사람에게 정이 더 쏠리거나 유리하게 일을 처리함을 비꼬는 말.

고장난명(孤掌難鳴) 외손뼉은 울릴 수 없다는 뜻으로, 혼자서는 아무 일도 이루기 힘듦을 일컫는 말.

여반장(如反掌) 손바닥을 뒤집는 것과 같다는 뜻으로, 일을 매우 쉽게 하거나 태도를 아주 쉽게 바꿈을 이르는 말.

손가락

촉각과 온갖 기관이 가장 많이 퍼져 있는 곳

"한 어미 자식도 아롱이다롱이"이라고 세상엔 무엇 하나 똑같은 것이 없다. 손의 끝자락에 있는 다섯 개의 손가락(지, 指, finger)은 엄지손가락(엄지), 집게손가락(검지), 가운뎃손가락(중지), 약손가락(약지), 새끼손가락(소지)으로 나뉜다. 다른 네 손가락은 모두 마디가 3개씩인데 비해, 굵고 짧은 엄지는 오직 2개로 중간마디가 없고 첫 마디뼈와 끝 마디뼈만 있다. 검지와 약지의 키를 견주어보면 검지가 약지보다 긴 사람이 25퍼센트 남짓이고, 75퍼센트 안팎은 약지가 검지보다 길다.

사람 손에는 손목뼈 8개, 손허리뼈(중수골) 5개, 손가락뼈 14개로 총 27개의 뼈가 있다. 이 손발가락에 뼈마디 하나가 없는 수가 있으니 이를 '단지증'이라 하고, 손발가락이 두 개 또는 그 이상이 오리발처럼 서로 달라붙어 있는 경우를 '합지증'이라 한다. 또 열 손가락을 가락가락 서로 엇갈리게 바짝 맞추어 끼운 것을 '손깍지', 깍지를 한 손을 일러 '깍짓손'이라 한다. 손가락을 구부려 말아 쥔 손의 뭉치는 '주먹'이라 한다.

엄지(무지)는 으뜸이란 뜻을 가지고 있어서 상대방을 치켜세우거나 칭찬할 때 '엄지 척'이라 한다. 검지는 무엇을 가리킬 때 쓰며, 깔보거나 욕할 때 중지(장지)를 치켜들고, 약지에는 주로 반지를 끼운다. 소지(애지)에는 변치 말자는 약속의 손가락 걸기 말고도 꼴찌란 뜻이 들었다. 그리고 보통 엄지와 중지를 맞대고 어긋맞게 비틀어서 딱 소리가 나게끔 손가락 튕기기를 한다.

손발가락 꺾기를 하면 뚝 하고 소리가 나는데, 이는 손발마디 관절에 들어 있던 공기가 밀려 나가면서 내는 마찰음이다. 한번 꺾은 다음엔 바로 소리가 나지 않고 조금 지나서 떠밀려난 공기가 안(사이)으로 들어가야 거푸 소리를 낼 수 있다.

사람의 지문

손가락 끝에는 촉각과 온각을 느끼는 기관이 가장 많이 분포한다. 특히 시력을 잃으면 촉각·후각·청각이 더욱 예민해지며, 손끝으로 도드라진 점자를 읽기도 한다. 이렇게 하나를 잃으면 다른 것이 민감해지면서 발달하는 것을 보상 현상이라 한다.

흔히 손가락 하면 지문을 떠올린다. 손가락 끝마디의 바닥면에서 땀구멍 부위가 주변보다 두두

룩이 돋아 서로 조붓하게(좁게) 이어져 이랑(두둑) 모양의 곡선을 만든 것이 지문이고, 물체에 닿는 족족 흔적을 남긴다. 지문은 원래 꺼끌꺼끌하여서 물건을 만지면 그 자극을 감각신경에 전하고, 미끄러지지 않게 물건을 쥐거나 잡는 것을 돕는다. 사람 말고도 고릴라, 침팬지 같은 영장류가 지문을 가지고 있다.

지문은 사람마다 다 달라서 개인 인식·범죄 수사·도장 대용으로도 쓰이고, 평생 변하지 않으며, 일란성쌍둥이도 서로 다르다. 통계적으로는 같은 지문을 가진 사람일 확률이 870억분의 1이라 하니 똑같은 지문을 가진 자는 거의 있을 수 없다. 또한 지문은 닳아빠지거나 다쳐도 이내 새롭게 오롯이 자라 다시 본래의 모습을 되찾는다.

독사 아가리에 손가락을 넣는다 매우 위험한 짓임을 비꼬아 이르는 말.

되는 호박에 손가락질 잘되어 가는 남의 일을 시샘하여 훼방 놓음을 빗대어 이르는 말.

손가락(손톱) 하나 까딱 않다 아무 일도 안 하고 뻔뻔하게 놀고만 있음을 비꼬아 이르는 말.

손가락에 장을 지지겠다 상대편이 도저히 할 수가 없을 것이라거나 자기주장이 틀림없다고 큰소리칠 때 하는 말.

손가락으로 하늘 찌르기 사뭇 가능성이 없는 짓임을 일컫는 말.

손가락으로 헤아릴 정도 수효가 매우 적음을 이르는 말.

손가락질 받다 남에게 얕보이거나 비웃음을 당하다.

열 손가락 깨물어 안 아픈 손가락이 없다 혈육(살붙이)은 다 귀하고 소중함을 비유하여 이르는 말.

한날한시에 난 손가락에도 길고 짧은 것이 있다 아무리 같은 환경 조건에 있다 하더라도 여러모로 조금씩 서로 다르기 마련임을 이르는 말.

손톱

속손톱 자리는 왜 하얗게 보일까?

    손톱(조, 爪, nail)은 사각형에 가까운 딱딱한 판으로, 그것이 떠받치고 버텨주어 물건을 잡거나 쥐는 것을 돕는다. 아마도 '손끝에 붙어 있는 톱'이란 뜻이리라. 손톱은 자르고, 찢고, 긁고, 꼬집고, 비틀고, 끌어 모으고, 손등에 박힌 가시도 뽑을 수 있다. 그래서 손톱을 바싹 깎은 다음에는 물건을 쥐는 것조차 어설프고 어려움을 겪는다. 힘 약한 사람은 날카로운 손톱으로 상대의 얼굴이나 살갗을 꼬집고 할퀴니 둘도 없는 방어 공격 무기렷다. 하지만 손일을 많이 하는 사람은 이래저래 손곱(손톱 밑의 때)이 끼기 일쑤고, 쉬이 닳아빠져 몽당 손톱이라 끝내 깎을 손톱도 없다.

    손톱은 하루, 발톱은 나흘에 0.1밀리미터 정도가 자란다. 손톱의 자람은 나이(늙으면 느림), 성(남자가 빠름), 계절(여름에 빠름), 운동(운동하면 빠름), 영양(잘 먹으면 빠름), 유전적인 소질(본성) 등이 결정한다. 보통 가운뎃손가락(중지)의 손톱이 가장 빨리 자라는데, 손가락 길이가 길어 다른 물체에 건들리고 맞닿는 횟수가 잦기 때문이다.

    손톱은 자신의 건강 거울이다. 건강한 손톱은 반들반들 매끄럽고 부드러운 데다, 촉촉하고 발그레한 것이 더없이 곱다. 이 곱디고운 손톱이 까칠해지면서 지저분한 곰팡이(무좀균)의 공격까지 받게 되는 것이 손발톱진균증이다. 몸 안팎으로 미생물의 공격을 받지 않는 부위가 없다.

손톱은 케라틴(keratin) 단백질이 굳어진 것으로 반투명하고, 신경이 없으며, 잘 썩지 않고, 불에 태우면 심한 노린내가 난다. 손톱의 아래쪽 뿌리(조근)는 초승달 모양으로 새하야니 그것을 '속손톱' 또는 '손톱반달'이라 한다. 사실 반달은커녕 '초승달' 정도로밖에 보이지 않지만, 그것을 덮고 있는 위쪽의 생살을 파서 홀랑 벗겨내면 그 안이 반달꼴이라 한다.

그렇다면 어째서 속손톱 자리가 하얗게 보이는 것일까? 남자는 0.6밀리미터, 여자는 0.5밀리미터 두께인 다 자란 손톱은 밑바닥에 흐르는 붉은 피가 위로 비쳐 분홍색인데, 속손톱 자리는 그에 비해 두께가 세 배나 두꺼워 피가 드러나 보이지 않아 희다. 손톱반달도 굵고 맑아야 건강한 손톱이다.

아무리 생각해도 손톱깎이는 위대한 발명품이다! 어른들이 "밤에 손톱 깎으면 엄마 죽는다."고 신신당부하던 그때 그 시절, 지지리도 못살아 어둑한 등잔 밑에서 한물간 가위로 손발톱을 깎다가 까딱 잘못하면 살을 베기 십상이었다. 가위 대신 사금파리(사기그릇의 깨어진 작은 조각)로 손톱을 문지르곤 했었는데, 설마 그랬을까 싶겠지만 원시시대와 다름없었던 그땐 그랬다.

손톱 곪는 줄은 알아도 염통 곪는 줄은 모른다   눈앞에 보이는 사소한 손익(손해와 이익)에는 밝아도 잘 드러나지 않는 큰 문제는 올바로 깨닫지 못함을 이르는 말.

손톱 밑의 가시   늘 마음에 꺼림칙하게 걸리는 성가신 일임을 이르는 말.

손톱 밑의 가시가 생손으로 곪는다   보잘것없는 것 때문에 큰 해를 입게 됨을 빗대어 이르는 말.

손톱 제기다   손톱으로 찍어서 자국을 내다.

손톱도 안 들어가다   사람 됨됨이가 몹시 야무지고 깐깐하다.

손톱에 장을 지지겠다 / 내 손톱에 뜸을 떠라   자기가 주장하는 것이 틀림없다고 장담(자신 있게 말함)하다.

손톱여물을 썰다   앞니로 손톱을 썹는다는 뜻으로, 곤란한 일을 당하여 혼자서만 애를 태우는 모습을 빗대어 이르는 말.

손톱은 슬플 때마다 돋고 발톱은 기쁠 때마다 돋는다   손톱이 발톱보다 빨리 자란다는 데서, 세상살이가 기쁨보다 슬픔이 더 많음을 비유한 말.

손톱을 튀기다   일은 하지 아니하고 빈둥빈둥 놀면서 지내다.

주먹

가장 원시적인 투쟁 수단

어느 누구나 주먹 불끈 쥐고 고고의 소리(아기가 세상에 나오면서 처음 우는 울음소리)를 지르며 태어나 살다가, 깊은 숨 몇 번 몰아쉬면서 주먹을 맥없이 스르르 펴고 죽는다. 그것이 인간의 한살이(일생)이자, 빈손으로 왔다가 빈손으로 간다는 공수래공수거일 것이다. 아무것도 가진 것 없음이 맨손, 맨주먹인데 이를 적수공권이라고도 한다.

주먹(권, 拳, fist)이란 손가락을 모두 구부려(오므려) 말아 쥔 손으로 흔히 주먹깨나 쓰는 힘센 폭력배를 뜻하기도 한다. 또 '쇠주먹(철권)'이란 쇠처럼 단단한 센 주먹을, '주먹밥'이란 주먹처럼 둥글게 뭉친 밥덩이를, '주먹떡'이란 꽤 큰 떡을 이른다. '맨주먹'이란 숟가락 몽당이 하나도 가지지 못한 '빈주먹'을 말하고, 엉세판(매우 가난하고 궁한 판)을 애면글면(몹시 힘에 겨운 일을 이루려고 갖은 애를 쓰는 모양) 헤쳐 나가는 정신을 '맨주먹 정신(헝그리 정신)'이라 한다. 그리고 쉽게 상대를 때려눕힐 때 '한주먹'에 해치운다 하고, 상대를 얕보며 말할 때는 "넌 한주먹감이다"라 한다.

주먹은 무기의 하나로 가장 원시적인 투쟁 수단이요, 태권도·권투·가라테·쿵푸 같은 무술, 격투기에 쓴다. 또한 주먹은 저항·폭력·군셈 등의 힘을 상징하고, 불끈 위로 세운 주먹은 혁명과 저항을 상징한다.

정권(正拳)이란 태권도에서, 주먹 쥔 손등과 직각을 이루는 네 손가락의 마디(관절)를 이른다. 주먹을 꽉 쥐는 행위는 분노·공격·고통스런 심적 변화를 나타낸다. 그런데 다른 영장류들은 손바닥과 네 손가락이 너무 길고, 엄지손가락이 하도 짧아서 주먹다운 주먹을 쥐지 못한다.

사실 악수를 하게 되면 상대편의 손바닥에 묻은 수많은 병균이 옮겨지기에 께름칙하고 불쾌하다. 그래서 전염병이 유행할 적에는 흔히 악수 대신 서로 주먹을 맞대는 주먹인사나, 팔꿈치를 으쓱으쓱 들먹여(들었다 놓았다 함) 툭 치는 팔꿈치인사를 하는데 특히 운동선수들이 승리의 기쁨을 표시할 때 그러는 것을 자주 볼 수 있다.

손이나 주먹에는 그 사람의 직업과 살아온 역사가 고스란히 묻어 있다. 또한 젖먹이가 두 손을 쥐었다 폈다 하는 것을 죄암죄암(죄암질), 왼손 손바닥에 오른손 집게손가락을 댔다 뗐다 하는 동작을 곤지곤지라 하고, 짝짜꿍은 손뼉을 치는 재롱을 말하는 손놀림이렷다! 손놀림은 뇌를 움직이는 행위로 하물며 젓가락 짓도 뇌를 쓰는 일이라 하지 않는가?

주먹 쥐자 눈 빠진다 이편에서 덤비려는데 상대편의 공격을 먼저 받음을 이르는 말.

주먹구구에 박 터진다 계획성 없이 그저 대강대강 맞추어 하다가는 나중에 큰 봉변을 당하게 됨을 비꼬아 이르는 말. 여기서 주먹구구란 손가락으로 꼽아서 어림짐작으로 얼렁뚱땅 해치우는 것을 뜻한다.

주먹으로 물 찧기 '땅 짚고 헤엄치기'와 같은 속담으로 일이 매우 쉽다거나 의심할 여지가 없음을 이르는 말.

주먹은 가깝고 법은 멀다 분한 일이 있을 때 이치를 따져 처리하기보다 앞뒤를 헤아리지 않고 힘으로 밀어붙여 먼저 해치운다는 말.

주먹을 내휘두르다 힘이나 권력 따위를 마구 씀을 비유하여 이르는 말.

주먹을 불끈 쥐다 주먹을 꽉 쥐며 결의(결심)를 나타내다.

주먹이 오가다 싸움이 벌어져 서로 주먹질함을 이르는 말.

주먹이 운다 분한 일이 있어서 한 대 치거나 마구 때리고 싶지만 꾹 참음을 비유하여 이르는 말.

하늘 보고 주먹질한다 어떤 일을 이루려고 노력을 하나 그럴 만한 능력이 통 없으므로 공연한 짓을 하고 있음을 비꼰 말.

배(복부)

왜 발기름이 자꾸 낄까?

배(복부, 腹部, abdomen)는 흉곽(가슴우리)과 골반 사이에 자리하고, 지라(비장)·간·콩팥의 일부는 흉곽의 4번째 갈비까지 올라가 있어 흉곽의 보호를 받으며, 아래 골반은 회장·맹장·방광과 같은 배 아래쪽 장기를 보호한다. 곧 복부란 오장육부의 주요 장기가 있는 신체의 일부이다.

요즘은 청소년에도 복부비만이 흔한데, 내장지방 축적은 나이가 들면서 저절로 살이 찌는 나잇살과 과식과음·운동부족 및 유전적인 것이 원인이다. 통통한 복부비만은 횡격막(가로막)을 심하게 늘어나게 해서 숨이 멎을 듯 폐(허파)의 움직임을 부대끼게 하고, 인슐린 작용을 방해하며, 염증 물질을 늘게 하여 당뇨·관상동맥질환·콜레스테롤 이상 등이 생기게 한다.

비만인은 보통 사람보다 운동 시간과 횟수를 늘리는 것이 바람직하다. 걷기운동을 시작하여 20~30분이면 근육탄수화물(글리코겐)은 곧장 거덜(고갈)나고, 금세 지방세포(fat cell)에 저장된 지방이 지방산과 글리세롤(글리세린)로 분해되어 이들이 타면서(산화) 에너지를 채우기에 마침내 체중이 줄게 된다.

다시 말하지만 복부비만(내장지방)은 운동량(소비)은 줄고, 식사량(공급)이 늘어나 남는 에너지가 복부에 쌓인 발기름(뱃가죽 안쪽에 낀 지방 덩어리)이다. 군살·발기름을 줄이는 데는 운동도 중요하지만 무엇보다 절식(적게 먹음)이 상책이다. 체중감소에 운동과 음식이 차지하는 비가 2:8 정도라니 말이다. 그래서 맘껏 먹고 운동으로 살 뺀다는 것은 어림없는 노릇으로, 그러려면 국가대표 운동선수들의 운동량은 되어야 한다고 한다. 결국 '배고픔의 기쁨'을 누리며 살아야 한다는 말이다!

사실 복부 지방(뱃살)은 언제, 어떻게 닥칠지 모르는 위험에 대비하기 위해 우리 몸이 애써 비축하는 것으로 어떤 수를 써서라도 가능한 많은 지방을 줄곧 저장(준비)하려 든다. 그런데 어째서 지방(기름기)으로 보관하는 걸까? 탄수화물과 단백질은 1그램에 약 4킬로칼로리의 열(에너지)을 내고, 같은 무게의 지방은 약 9킬로칼로리의 열을 낸다. 결국 적은 양으로도 많은 에너지를 저장할 수 있는 이점이 있다. 참 묘한 생물 현상이다.

이런 **말** 들어봤니?

배 안엣 조부는 있어도 배 안엣 형은 없다 자기보다 어린 사람이 할아버지뻘은 될 수 있으나 나이 어린 사람에게 형이라 할 수는 없음을 빗대어 이르는 말.

배 안의 아이 아들(사내) 아니면 딸(계집)이다 쓸데없는 걱정을 함을 핀잔하여 이르는 말.

배(뱃가죽)가 등에 붙다 먹은 것이 없어서 배가 홀쭉하고 몹시 허기지다.

배가 남산만 하다 앞으로 불룩 튀어나온 임신부의 배를 가리키는 말

배가 아프다 남이 잘 되는 것에 암상(샘/심술)이 나다.

배를 두드리다 생활이나 살림살이가 풍족하여 고복(배를 두드림)하며 편하게 지냄을 이르는 말.

배만 부르면 제 세상인 줄 안다 돈이 많다고 볼썽사납게 제멋대로 행동함을 비꼬아 이르는 말.

배보다 배꼽이 더 크다 기본이 되는 것보다 덧붙이는 것이 더 많거나 큼을 이르는 말.

배에 발기름이 꼈다 배에 기름기가 끼어 불룩하게 나왔다는 뜻으로, 없이 지내던 사람이 삶이 넉넉해져서 꺼드럭거리고 떵떵거림을 빗댄 말.

배짱(똥배짱)이 맞다 무슨 일을 꾀함에 마음과 뜻이 서로 맞음을 빗댄 말.

배짱을 내밀다 뱃심 있는 태도를 취하다.

밥통(위)

주먹만 한 것이 20배 이상 커진다고?

밥통이란 밥을 담는 그릇이나 위(胃, stomach)를 속되게 이르는 말이요, 밥만 축내고 제구실을 못하는 사람을 낮잡아 부르는 말이기도 하다. 밥통이 비어서 힘을 못 내겠다 하면 위가 텅 비었다는 뜻이고, 밥값도 제대로 못하고 놀고먹는(무위도식) 사람을 "이 밥통(식충) 같은 녀석이라니." 하고 비꼰다.

'되새김밥통'은 소나 염소와 같이 먹은 먹이를 토해내 곱씹는 반추동물(되새김동물)의 반추위(되새김위)를 일컫는다. 여기서 반추란 되풀이하여 곰곰이 거듭 생각(음미)하는 것을 뜻하는 말이기도 하다.

그리고 "속이 거북하다/아프다/더부룩하다/쓰리다/답답하다"에서 '속'은 배나 위장을 뜻한다. "똥집이 무겁다/질기다"란 엉덩이가 무거워 자리를 뜰 생각을 하지 않을 때 쓰는 말로, 이때 똥집은 큰창자나 위를 상스럽게 이르는 말이다. 닭똥집은 닭의 위(밥통)인 모래주머니(사낭)로 조류는 이가 없기에 모래나 잔돌을 삼켜 모래주머니에서 곡식 낟알을 부수고, 으깬다.

위는 분문(들문)·기저(바닥)·체부(거의 전부를 차지하는 부위)·유문

(날문)으로 나뉘고, 괄약
근(조임근)이 위의 아래
(유문)를 질끈 묶고 있
다. 분문은 위식도괄약
근과 바로 맞닿은, 식도
에서 위장으로 드는 입
구로 이 괄약근이 헐거
워 음식물이 식도로 거
슬러 올라가는 수가 있
는데 이를 위식도역류
증(역류성식도염)이라 한

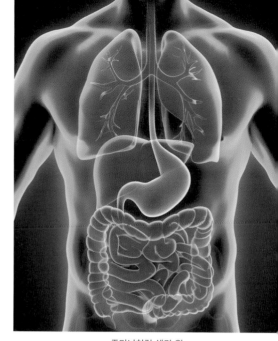

주머니처럼 생긴 위

다. 유문은 음식이 십이지장(샘창자)으로 나가는 부위로 그 자리에
궤양이나 암이 자주 생긴다. 더구나 기저와 체부에는 주름이 가득
잡혀 있어 위의 표면적(겉넓이)을 넓혀준다.

　위는 속이 비었을 때는 주먹만 하지만(0.075리터), 미어터지게 가
뜩 채우면(한껏 늘어나면) 2리터를 넘게 담을 수 있다. 위는 신경에
예민한 탓에 자주 까탈을 부리는 기관이다. 교감신경이 항진(위세 좋
게 뽐내고 나아감)되면 위액 분비와 연동운동(꿈틀운동)을 억제하여
소화불량을 일으키며, 부교감신경은 위액 분비를 촉진시키고 위 운
동을 활발하게 한다. 또한 위에서는 물·약·아미노산·카페인·에탄
올이 일부 흡수된다.

위 점막의 위샘(위선) 주세포는 단백질분해효소인 펩신(pepsin)을 분비하고, 부세포는 타일 바닥의 때도 녹일 만큼 강한 염산(HCl)을 분비한다. 위액은 자칫 단백질인 위를 녹일 수도 있지만 용케도 끈적끈적한 뮤신(mucin) 막을 만들어 스스로를 보호한다. 위는 꿈틀꿈틀 움직여 음식을 섞는 기계 소화와 함께 펩신이 단백질을 분해하는 화학 소화도 한다. 음식을 묽게 쑨 암죽처럼 만들어 샘창자로 보내기까지 탄수화물은 짧게는 40분, 지방 같은 것은 길게는 몇 시간이 걸린다.

유문괄약근의 반사적인 여닫이운동(유문반사)은 음식물을 십이지장으로 내려보내는데 음식물이 산성이면 유문괄약근은 닫히고, 십이지장액·이자액·쓸개즙으로 말미암아 알칼리성으로 바뀌면 이내 유문이 열린다. 이렇게 여닫이가 되풀이되면서 위장 내 음식물이 십이지장으로 조금씩, 천천히 내려간다. 이때 배에서 꼬르륵 꼬르륵 소리를 낸다.

한편 염산이나 효소를 분비하는 위벽에는 헬리코박터 파일로리(Helicobacter pylori)라는, 편모를 가진 나선세균이 산다. 헬리코박터균은 위장 점막에서 위염·위궤양·십이지장궤양 등을 일으키지만 그것이 있어도 도통 아무런 증상이 없는 사람이 80퍼센트가 넘고, 오히려 자연 위장 생태에 도움을 주는 것으로 알려져 있다.

밥바가지 떨어지다 　북한어로, 밥벌이를 할 수 있는 일거리를 잃게 되다.

밥줄(식도)이 끊어지다 / 밥통이 떨어지다 　일자리(직장)를 잃게 됨을 속되게
이르는 말.

염통(심장)

어떻게 평생을 지치지 않고 펄떡펄떡 뛸까?

심장(心臟, heart)의 순우리말이 '염통'이다. 염통은 크기가 보통 자기 주먹만 하고 여자(♀)의 것은 250~300그램, 남자(♂)의 것은 300~350그램 정도 된다. 모양은 사랑의 상징인 하트(♡) 형태이다.

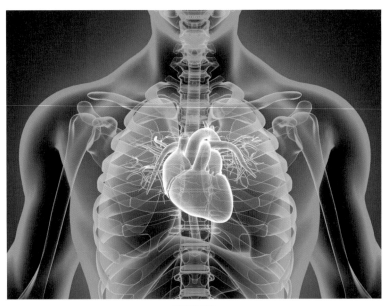

염통(심장)

흉강(가슴우리) 안에 자리하며, 가슴 왼쪽으로 좀 치우쳐 있다. 두 겹의 막(심막)에 싸여 있고, 겉에는 심장 자체에 산소와 양분이 든 피를 실어 나르는 순환(돌림) 핏줄들이 퍼져 있는데, 그중 가장 큰 핏줄이 관상동맥이다.

관상동맥은 심장 왼쪽에 2개, 오른쪽에 1개가 있고 모양새가 왕관을 똑 닮았다 하여 관상동맥(冠狀動脈)이라 한다. 그런데 이 관상동맥이 좁아지거나 막히면 어떻게 될까? 심장이 벅차 힘을 잃거나 여차하면 덜컥 멈출 수 있다!

염통은 순환계의 중추(중심) 기관으로 안간힘을 다해 주기적으로 그리고 연속적으로 오그라들고(수축) 풀어짐(이완)을 되풀이한다. 펌프(pump)나 자동차의 엔진(engine)처럼 움직여서 피를 온몸에 공급하는 일을 톡톡히 해낸다. 심장의 수축이완(박동, 맥박)은 휴식 상태에서 보통 1분에 72번 일어난다. 하루에 10만여 번을, 또 70살이면 평생 26억 번 가까이를 쿵쿵 뛴 셈이다. 심장이 한 번 수축할 때마다 80밀리리터 남짓의 피, 곧 1분마다 거의 5리터의 피가 동맥으로 보내지고 이 피는 23초 만에 전신(온몸)을 한 바퀴 돌아 제자리로 되돌아온다.

심장이 하루에 10만여 번, 평생 30억 번쯤을 뛰어도 나름대로 힘이 떨어지거나 지치지 않는 것은 질기고 탄력 있는 심장근육 덕분이다. 심장근육은 빠르고 세차게 움직이는 횡문근(가로무늬근)과 쉼없이 움직이는 평활근(민무늬근)의 장점을 두루 갖추고 있을뿐더러

박동과 박동 사이 잠깐 쉬는 것만으로도 쉽게 피로를 푼다.

심장박동은 대뇌(큰골)와 관계없이 스스로 조절하는 자율신경(교감신경, 부교감신경)과 호르몬(hormone)의 조절을 받는데 교감신경은 빠르게, 부교감신경은 느리게 심장을 뛰게 한다. 이렇게 염통이 자율신경의 지배를 받기 때문에 우리는 마음대로(대뇌의 명령에 따라) 심장을 멈추거나 빠르기를 적당하게 맞출 수 없다.

염통은 사물의 중심이 되는 곳이나 마음을 빗대 이르는 수가 있다. 우심방(右心房)과 우심실(右心室), 좌심방(左心房)과 좌심실(左心室)로 이루어져 있어 4획으로 된 마음 심(心) 자는 염통을 빼닮았다. 심장 모양인 하트는 사랑의 상징이렷다! 그런데 과연 마음(心)은 심장에 있는 것일까? 생각하고, 느끼며, 사랑하는 마음은 진정 큰골에 있는 게 아니겠는가?

이런 말 들어봤니?

손이 차가운 사람은 심장이 뜨겁다 감정이 풍부하고 열정을 지닌 사람이 겉으로 냉정한 모양새를 보임을 이르는 말.

손톱 밑에 가시 드는 줄은 알아도 염통 밑에 쉬(파리알)스는 줄은 모른다 눈앞에 보이는 사소한 손익(손해와 이익)에는 밝아도, 잘 드러나지 않는 큰 문제는 올바로 깨닫지 못함을 비꼬아 이르는 말.

심장(가슴/마음/뼈)에 새기다 잊지 않게 단단히 기억하다.

심장에 파고들다 어떤 일이나 말이 마음속 깊이 새겨지다.

심장을 찌르다 핵심(고갱이)을 꿰뚫어 알아차리다.

심장이 강하다(크다) 비위(넉살)가 좋고 뱃심이 세다.

심장이 약하다(작다) 배포(배짱)가 두둑하지 못하고 숫기가 없다.

염통에 고름 든 줄은 몰라도 손톱눈에 가시 든 줄은 안다 눈앞에 보이는 자질구레한 손익(손해와 이익)에는 밝아도, 잘 드러나지 않는 큰 문제는 올바르게 깨닫지 못함을 비꼬아 이르는 말.

염통에 바람 들다 마음이 들떠서 제대로 바르게 행동하지 못하다.

염통에 털 나다 체면도 아랑곳 않고 아주 뻔뻔하다.

염통이 비뚤어 앉다 마음이 비꼬이다.

피

색깔이 붉은 이유는?

　피(혈, 血, blood)는 혈관(핏줄)을 통해 온몸을 돌면서 각 조직과 기관에 산소·영양분·호르몬을 대고 이산화탄소(CO_2)나 요소 따위의 쓰고 남은, 낡고 닳아빠진 노폐물을 코나 신장(콩팥)으로 내다 버린다. 어른은 보통 체중의 약 8퍼센트에 해당하는 4~6리터의 혈액을 온몸에 지닌다. 두말할 나위 없이 피는 곧 생명이요, 생명은 피에 매였다.

　피는 혈장(혈액에서 혈구를 제외한 액체 성분)과 혈구(피톨)로 이루어지는데 혈장은 전체 혈액의 55퍼센트를 차지하면서 단백질·지방·당·무기염류들이 녹아 있고, 혈구는 피의 45퍼센트로 적혈구·백혈구·혈소판으로 짜여 있다. 혈장에는 특히 단백질이 많이 들어 있어 물보다 5배나 짙다. 피는 혈장의 알부민(albumin) 단백질 탓에 매우 끈적이고 쩍쩍 들러붙는다.

　혈액의 염분(소금) 농도는 0.9퍼센트이며, 이와 같은 농도의 식염수(소금물)를 생리식염수라 한다. 보통 탈수나 영양실조 따위에 생리식염수나 포도당액을 주사한다.

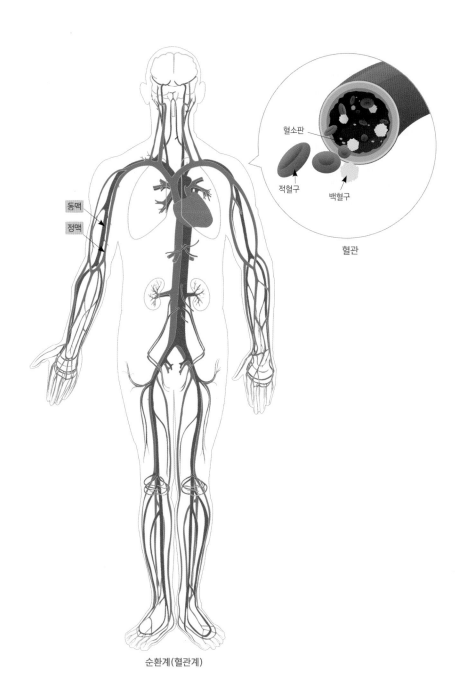

동맥

정맥

혈소판

적혈구

백혈구

혈관

순환계(혈관계)

염통을 떠난 피가 혈관을 타고 다니면서 전신에 산소(O_2)를 전해주고 제자리로 돌아오는 데 23초 넘게 걸리고(온몸의 혈관 길이는 10만km가 넘음), 적혈구의 수명은 100~120일이니 한 톨의 적혈구가 평생토록 150킬로미터를 묵묵히 누비는 셈이다. 몸에 있는 모든 적혈구(20조~30조 개)를 한 줄로 세워보면 그 길이가 무려 17만 킬로미터에 이르며, 총 면적은 믿기지 않을 만큼 넓은 3200제곱킬로미터나 된다.

적혈구는 죽고 태어남을 되풀이하는 붉은피톨로, 피 한 방울에 3억여 개가 들었다. 1초에 파괴되는 적혈구가 거의 300만 개에 이르는데 그만큼 새로 생겨난다. 오줌똥이 딱히 누르스름한 것은 적혈구가 파괴되면서 생긴 빌리루빈(bilirubin) 색소 탓이다.

그런데 손등이나 팔뚝에 퍼져 있는 정맥은 왜 검푸르게 보일까? 분명히 말하지만 피가 푸르기에 정맥 혈관이 푸른 것은 결코 아니다. 교과서에 동맥은 붉고, 정맥은 푸르게 색을 칠한 것은 학생들에게 동맥과 정맥을 쉽게 구분하게끔 하느라 그랬을 뿐이다. 세상에 푸른 피가 어디 있는가. 정맥혈은 붉은 동맥혈(동맥피)보다 산소량이 적고, 이산화탄소가 꽤 많아 좀 검붉을 뿐이다.

아무튼 정맥 혈관을 떼어내 보면 반투명의 회백색이다. 그런데도 정맥 혈관이 푸르게 보이는 것은 피부 피하지방이 다른 빛(파장)은 다 흡수하고, 푸른색만 반사하기 때문이다. 다시 힘주어 말하지만 핏줄 자체가 푸른 것이 아니다.

그렇다면 피는 왜 붉을까? 적혈구(붉은피톨)에 든 색소단백질인 헤모글로빈(hemoglobin)은 헴(hem)과 철(Fe) 원소로 이루어졌다. 피가 붉은 것은 결국 산화된 철분(산화철)이 붉은빛을 띠고 있기 때문이다. 한 사람의 몸에 들어 있는 4그램 남짓의 철분 중 60퍼센트는 헤모글로빈에 있다 하고, 동물의 헤모글로빈에는 산소가 들러붙었다(포화) 떨어졌다(해리) 할 수 있지만 붉게 녹슨 쇠는 그렇지 못하다.

적혈구의 가장 중요한 일은 산소를 녹이는 데 있고, 적혈구의 헤모글로빈은 물보다 60~65배쯤 쉽게 산소와 결합할 수 있다. 그런데 헤모글로빈은 산소(O_2)보다 되레 일산화탄소(CO)와 결합력이 250배나 더 세다. 이 때문에 산소가 가뜩 있음에도 무릅쓰고 일산화탄소가 적혈구에 몽땅 달라붙어 버려 몸 안에 산소가 딸리게 되는 것이 연탄가스 중독이다. 요새 와서는 연탄가스 대신 배기가스 중독이 자주 일어나는 터라 늘 보일러실 환기에 신경을 써야 한다.

피가 거꾸로 솟다 매우 흥분한 상태를 이르는 말.

피가 끓다 기분이나 감정 따위가 북받쳐 오르다.

피가 되고 살이 되다 큰 도움이 됨을 빗대어 이르는 말.

피가 뜨겁다 의지나 의욕 따위가 매우 강하다.

피가 마르다 몹시 괴롭거나 애가 타다.

피가 켕기다 골육(일가친척) 사이에 남다른 붙이사랑이 있음을 이르는 말.

피가 통하다 살아 있다.

피는 물보다 진하다 혈육(살붙이)의 정이 깊음을 이르는 말.

피도 눈물도 없다 숫제 인정사정이 없음을 뜻하는 말.

피로 물들이다 죽고 다친 사람(사상자)이 많이 생기다.

피로 피를 씻다 가까운 겨레붙이(집안/혈족)끼리 서로 죽이고 다투다, 또는 살상에 대해 살상으로 보복하다.

피를 보다 싸움으로 사상자를 내다.

피를 토하다 세차고 사나운 노여움을 터뜨리다.

피에 굶주리다 살상(사람을 죽이거나 상처를 입힘)을 바라고 원한을 품는 것을 빗대어 이르는 말.

핏줄이 당기다 혈연(피붙이)의 친근감을 느낀다는 말.

조족지혈(鳥足之血) 새의 발에서 나오는 피라는 뜻으로, 아주 하찮은 일이나 미미한 분량을 가리키는 말.

뼈(골격)

무쇠보다 단단하면서 가볍다고?

뼈(골, 骨, bone)는 척추동물(등뼈동물)만이 갖는 특수 기관으로, 척추동물은 몸무게를 지탱할 수 있도록 굳세고 튼튼한 사지골격(네다리뼈)이 발달했다. 뼈는 몸의 생김새를 꾸미고, 내장을 보호하며, 지렛대 역할을 하여 근육(힘살)을 움직이게 한다. 또 혈구를 만드는 조혈기관이고, 무기물·지방·성장 물질을 저장한다. 그래서 몸 전체의 칼슘 99퍼센트와 인산염 90퍼센트가 뼈에 들었다.

뼈는 태아 때는 350여 개, 갓난아이는 270개가 넘으나 자라면서 봉합, 퇴화하여 성인이 되면 206개가 남는다. 우리 몸에서 가장 큰 뼈는 대퇴골(넓적다리뼈)이고, 가장 작은 것은 소리 전달에 관여하는 가운데귀의 청소골(이석)이다.

사람 몸은 사실은 그 얼개가 한 채의 집과 흡사하다. 아니, 건물이 우리 몸을 기막히게 빼닮았다. 땅을 아주 깊게 파고, 거기에 넓적하고 긴 철근(뼈대)을 세운 다음 콘크리트를 쳐서 벽과 방바닥(근육)을 만들며, 다음은 수도관(혈관)·배수관(콩팥과 요도)·전깃줄(신경)을 깐다. 마지막엔 타일과 벽지(피부)를 바르고, 전구(눈알)를 달고…….

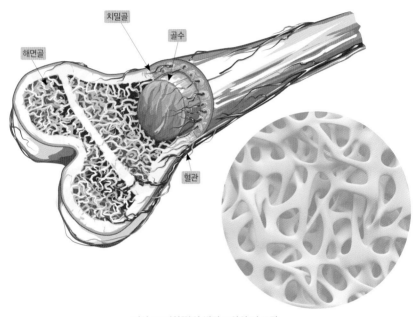

뼈의 구조(왼쪽)와 벌집 모양의 뼈 조직

마침내 뚝딱 사람 짜임새를 빼닮은 번듯한 집이 선다.

　뼈가 무쇠보다 단단하면서 가벼운 까닭은 뼛속이 6각형의 벌집 구조를 한 탓이다. 뼈는 2~4퍼센트까지 휘어질 수도 있고, 쇠 무게의 1/3밖에 되지 않으면서도 강하기는 10배나 되며, 종아리 안쪽에 있는 정강뼈는 무려 300킬로그램의 무게를 지탱할 수 있다고 한다. 뼈에는 콜라겐(collagen) 등의 유기물이 35퍼센트 남짓, 칼슘과 인 등의 무기염류가 45퍼센트 있고, 수분 함유량이 고작 20퍼센트밖에 되지 않아 무던히도 깡마른 편이다.

대부분의 뼈는 연골(물렁뼈)에서 경골(굳은 뼈)로 바뀌지만, 일부는 그대로 연골로 남아 콧등·귓바퀴·후두개가 되고 여러 관절에도 들었다. 관절을 구성하는 뼈가 빠진 것을 탈구(탈골)라 하며, 뼈가 부러진 것을 절골(골절)이라 한다. 연골은 경골보다 혈관 분포가 썩 적어서 늘 체온보다 낮다. 그래서 뜨거운 물건에 손이 닿기나 하면 자기도 모르게 서둘러(반사적으로) 손이 귓바퀴로 달려간다.

뼈는 실제로 조골세포와 파골세포의 생사가 갈마들어(서로 번갈아듦) 성인은 1년에 5퍼센트 남짓 바뀐다. 뼈를 만드는 조골세포가 콜라겐 단백질에 칼슘, 인산을 집어넣어 딱딱하게 석회화시키고, 대신 뼈를 죽이는 파골세포는 딱 그만큼 녹인다.

그런데 오랫동안 병상에 누워 있으면 거침없이 일주일에 0.9퍼센트 정도씩 물러진다고 한다. 만일 조골세포보다 파골세포의 기능이 더 세면 뼈가 엉성해지는 골다공증(뼈엉성증)이 되는 것은 마땅하다. 그리고 노화로 뼈 길이도 줄어드니, "귀신도 눈에 보인다."는 고희(칠십) 나이면 젊었을 때보다 2~3센티미터나 준다고 한다.

노루 뼈 우리듯 우리지 마라 한 번 보거나 들은 이야기를 두고두고 되풀이하는 것을 핀잔(꾸지람)하는 말.

말 살에 쇠 뼈다귀 피차간에 얼토당토아니함(아무 관련성이 없음)을 비꼬아 이르는 말.

바늘뼈에 두부살 바늘처럼 가는 뼈에 두부같이 무른 살이란 뜻으로, 몸이 아주 허약한 사람을 일컫는 말.

범은 그려도 뼈다귀는 못 그린다 사람을 사귀어도 그 속마음을 알기 어려움을 빗대어 이르는 말.

뼈가 휘도록(빠지게) 오랫동안 고통을 견뎌내면서 힘겨운 일을 치러내는 것을 이르는 말.

뼈대가 있다 문벌(가문)이 좋다거나, 또는 심지가 굳고 줏대가 있다는 말.

뼈도 못 추리다 상대와 적수(라이벌)가 안 되어 매번 손해를 보다.

뼈에 사무치다 원한 따위가 뼛속에 파고들 정도로 깊고 거세다.

뼈와 살이 되다 정신적으로 큰 도움이 되다.

사람의 혀는 뼈가 없어도 뼈를 부순다 말(언사)이 무서운 힘을 가지고 있음을 비유한 말.

헐복한 놈은 계란에도 뼈가 있다 어지간히 일이 안되던 사람이 모처럼 좋은 기회를 잡았건만 그마저도 곧 잘 안됨을 이르는 말. '헐복한'은 복이 없다는 뜻이다.

피부(살갗)

'때'라고 부르는 각질층은 애물단지일까?

피부(皮膚, skin)란 척추동물의 몸을 둘러싸는 장벽 기관으로, 신체 보호·체온조절·배설·피부호흡·충격 흡수·영양 저장 따위의 노릇 말고도 물의 침투와 방출, 병원균 침입을 막는다. 피부는 사람이나 짐승의 거죽을 싸는 살가죽을 말하는데 사람 것은 살갗이라 한다.

살갗은 사실 인체에서 가장 큰 기관이다. 사람 살갗을 짐승의 거죽 벗기듯 모두 걷어서 그러모으면 무게가 무려 3킬로그램 정도 되고, 쫙 펼치면 1만 5000~2만 제곱센티미터나 된다. 또 우리 몸의 살갗 두께는 눈꺼풀이 가장 얇고, 손발바닥이 제일 두껍다.

살갗 1제곱센티미터에는 보통 3개의 혈관, 65개의 모근(털뿌리), 100개의 피지선(기름샘), 650개의 한선(땀샘), 1000여 개의 멜라닌세포, 160여 개의 신경종말(신경의 끝)이 분포한다. 그리고 같은 넓이에 촉점 25개, 압점 50개, 통점 100~200개, 온점 3개, 냉점 6~10개 안팎의 감각점이 퍼져 있다. 이렇듯 피부는 통각에 가장 민감하고 온각에 제일 둔하다.

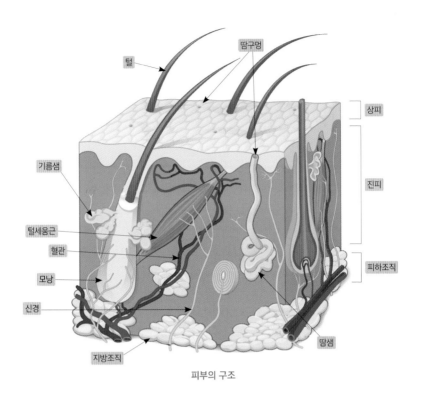

피부의 구조

피부는 상피·진피·피하조직으로 이루어졌다. 상피는 각질형성 세포가 대부분을 차지하고, 상피 아래의 진피에는 혈관·신경·땀 샘·기름샘 등이 있다. 진피 아래의 피하조직(피하지방층)은 지방세포(fat cell)로 구성되었고, 몸에 쌓인 체지방의 50퍼센트가 피하조직에 들었으며, 일반적으로 여성이 남성보다 두껍다. 피부는 배설도 맡고 있어 땀에는 요소 등의 소변 성분이 고스란히 들었다.

상피 멜라닌세포는 멜라닌색소를 만들고, 이는 자외선(넘보라살)을 막아 피부암을 예방한다. 그리고 인종을 피부 멜라닌색소의 양이 아주 많은 흑인과 거의 없는 백인, 그 중간인 황색인으로 나누게 한다. 그런가 하면 살갗은 비타민 D 합성 공장으로, 에르고스테롤(ergosterol)이 자외선을 받아 비타민 D_2로 바뀐다.

한편 살갗은 이로운 붙박이세균(상재균)이 텃세를 하여 다른 해로운 세균이 좀체 달려들지 못하게 하고, 항생제를 뿜어서 죽이기도 한다. 또 미생물 군집을 만드는 세균 생태계로서 1000종이 넘는 미생물이 터를 잡고 살고 있으며, 그것들을 모두 헤아리면 10^{12}(1조)마리나 된다고 한다.

살갗에는 공기와 접하는 맨 바깥 상피에 각질층이 있어서 몸에서 벗겨져(떨어져) 나가기 일보 직전에 있다. 흔히 '때'라고 부르는 이 각질층은 애물단지가 아니라 중요한 피부보호장치로, 수건이나 때수건 따위로 살갗을 싹싹 문지르면 각질층은 말할 것 없고 까딱 잘못하면 거기에 사는 이로운 세균까지도 잃게 된다. 그러면 이때다 하고 다른 병원균이 날쌔게 피부를 맹공격한다. 암튼 살갗 또한 여느 기관과 마찬가지로 예사로운 기관이 아님을 알아야 한다.

가죽만 남다　도통 보기 흉하게 바짝 여윈 것을 빗대어 이르는 말.

가죽이 모자라서 눈을 냈는가　버젓이 남들은 다 잘 보는 것을 보지 못하거나, 말을 해야 할 때 말하기를 몹시 꺼리는 사람을 꾸짖는 말.

가죽이 있어야 털이 나지　무엇이나 다 근본 바탕이 있어야 생길 수 있다는 말.

낯가죽이 두껍다　부끄러움을 모르고 염치가 없다.

낯가죽이 얇다　수줍음을 잘 타다.

피부로 느끼다　몸소 체험(경험)하다.

피부에 와 닿다　스스로 경험하여 깊게 느낌을 이르는 말.

신경

내 마음대로 심장을 멈출 수 없는 까닭

신경(神經, nerve)은 온몸의 조직과 기관에 서리서리 그물처럼 얽혀 있으면서 신체 활동을 조절한다. 하얀 실같이 생긴 신경은 신경세포, 곧 뉴런(neuron)의 묶음(뭉치)이다. 신경은 그 기능에 따라 셋으로 나누니 여러 감각기관이 받은 외부 자극을 중추신경(뇌와 척수)으로 전달하는 감각신경, 중추신경을 구성하는 연합신경, 중추신경의 명령(흥분)을 운동기관인 근육에 전달하는 운동신경이 그것이다.

피부가 변한 털과 손발톱 빼고는 우리 몸 어디에도 신경이 없는 곳이 없다. 신경세포는 세포의 중심이 되는 신경세포체와 여기서 뻗어 나온 짧은 가지돌기(수상돌기) 그리고 가지돌기 반대쪽으로 난 기다란 축삭돌기로 되어 있다. 신경흥분은 늘 가지돌기에서 신경세포체를 거쳐 축삭돌기 쪽으로 전달된다. 신경흥분을 전달하는 속도는 동물이나 신경 종류에 따라 조금씩 다르지만 사람 신경은 통상 1초에 약 120미터, 개구리는 25미터 안팎이다.

대부분의 신경은 현미경을 통해서만 보아야 할 만큼 아주 작지만, 허벅지에서 장딴지 아래로 뻗는 좌골신경은 가장 크고 길어서 연필 정도의 굵기에 길이는 1미터에 이른다. 신경은 전깃줄처럼 쭉 이어진 것이 아니라 군데군데 신경세포끼리 연접(연합)되는데 그것을 시냅스(synapse)라 부른다.

한편 신경은 있는 자리에 따라서 세 가지로 구별된다. 말 그대로 신경의 중추가 되는 중추신경과, 중추신경에서 나온 신경 중에서 몸 바깥(체표)에 분포하는 말초신경, 내장에 퍼져 있는 자율신경(교감신경과 부교감신경)이 그것이다. 이렇게 신경은 우리 몸 구석구석 어디에나 퍼져 있다. 중추신경인 뇌 뉴런은 총 1000억여 개이고, 그

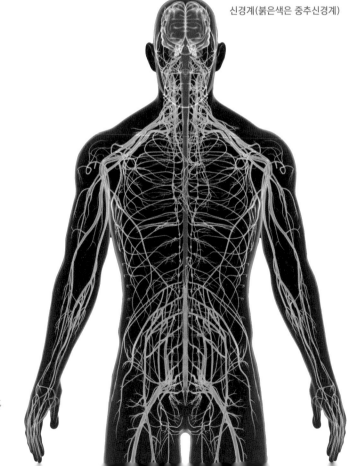

신경계(붉은색은 중추신경계)

것 중 160억 개는 대뇌(큰골)피질에 있으며, 690억여 개는 소뇌(작은골)에 있다.

전신을 관리하는 중추신경인 뇌는 매우 정교하고, 물질대사도 신체의 다른 어느 부위보다 매우 왕성하다. 이 때문에 성인의 뇌 무게(평균 1500그램 남짓)는 몸무게의 2퍼센트밖에 되지 않지만 뇌가 소비하는 영양물질은 전체의 약 20퍼센트에 이르고, 그 영양소 중에서 70퍼센트 남짓이 포도당이다. 그래서 공부를 할 때는 포도당 2분자(이당류)로 된 엿을 먹는 것이 좋고, 따라서 '합격 엿'이란 것이 생겨난 것이다.

말초신경은 말 그대로 신체 바깥에 분포하는 신경으로 오관(눈·코·귀·입·살갗)에 퍼져 있다. 또 자율신경은 모든 내장에 있어서 내장 운동이나 분비를 조절한다. 다시 말하면 내장의 운동은 대뇌가 지배, 조절하지 못하고 자율신경이 스스로 알아서 한다. 그래서 내 마음(대뇌의 명령)대로 심장을 정지시킬 수 없고, 위를 움직이게 할 수도 없다.

한편 교감신경에서는 에피네프린(epinephrine), 곧 아드레날린(adrenaline)이 나와 내장 기능을 억제하는 데 반해 부교감신경에서는 아세틸콜린(acetylcholine)이 나와 내장 활동을 항진(촉진)한다. 이렇게 서로 반대되는 작용을 길항작용이라 한다. 신경병에는 파킨슨병, 알츠하이머병, 조현병(정신분열증), 우울증 등이 있다.

이런 **말** 들어봤니?

신경 끄다 그냥 내버려두다.

신경(을) 쓰다 보잘것없이 작거나 적은 일에까지 깐깐하게 주의를 기울이다.

신경을 곤두세우다 마음을 조이고 정신을 바짝 차리다.

신경을 도사리다 정신을 모아 바짝 긴장하다.

신경이 가늘다 사소한 일에도 자극을 받을 정도로 소심하다.

신경이 굵다 어지간한 일에는 끄떡하지 않을 정도로 대범하다.

숨(호흡)

숨을 쉴 때 일어나는 일들은?

호흡(呼吸, breathing)이란 산소(O_2)를 들이마시고 이산화탄소(CO_2)를 내뱉는 가스교환과 세포 속에서 양분을 산화하여 활동에 필요한 에너지를 얻는 것을 말한다. 물이나 음식은 어쩌다 2~3일 정도 먹지 않아도 죽고 사는 데는 큰 지장(장애)이 없지만, 호흡은 한 5분만 멈춰도 속절없이 생명이 위태로워진다. 보통 성인은 휴식 상태에서 1분에 12~18번 호흡하고, 아주 어리거나 늙으면 되레 호흡 횟수가 훨씬 더 늘어난다.

대기 중의 공기는 부피로 보아 질소(N_2)가 78.09퍼센트로 제일 많고, 산소가 20.95퍼센트로 그 뒤를 잇는다. 이 둘이 공기의 거의 모두를 차지하고, 그다음이 아르곤(Ar) 0.93퍼센트, 이산화탄소 0.03퍼센트 순이고, 나머지 가스는 모두 합쳐도 채 1퍼센트에도 미치지 않는다.

그런데 흡기(들숨) 속의 공기 비율은 앞에 이야기한 것과 같지만, 몸 안에서 가스교환이 일어난 뒤 호기(날숨)의 가스 구성비는 질소나 아르곤은 그대로이나 산소는 16퍼센트로 확 줄고, 이산화탄소는 4퍼센트로 100배 넘게 껑충 뛴다. 이는 곧 산소가 호흡에 쓰여서 이산화탄소가 생겼다는 뜻이다.

호흡은 외호흡과 내호흡으로 나눈다. 외호흡이란 폐와 그를 둘러싼 모세혈관(실핏줄) 사이에서 산소와 이산화탄소가 부분압력(분압) 차에 따라 일어나는 기체교환을 말한다. 이는 분압이 높은 곳에서 낮은 곳으로 이동하는 물리적인 확산이다. 내호흡(세포호흡)이란 폐에서 받아들인 싱그러운 산소를 적혈구헤모글로빈이 '세포 발전소', '세포 난로'로 불리는 미토콘드리아에 전달하고, 거기서 포도당 따위의 영양분들을 산화하여 에너지(힘과 열)를 내는 것을 말한다.

오래도록 심하게 운동했을 때 턱없이 헐떡헐떡 호흡이 빨라지는 것은 호흡조절중추인 연수(숨골)가 이산화탄소의 자극을 받았기 때문이다. 호흡은 대체로 가슴과 배를 가르는 횡격막과 늑골(갈비뼈) 사이에 있는 근육인 늑간근(肋間筋)이 맡아 한다.

횡격막(橫擊膜, 가로막)은 포유동물에만 있는 호흡기관으로 둥근 지붕(돔) 모양이다. 다시 말해서 흡기란 위로 불룩 휘어져 있는 횡격막이 수축하여 아래쪽으로 내려가면서 편평해지고, 동시에 늑간근 수축으로 늑골이 위로 들어 올려지면서 가슴 속이 넓어져(기압이 낮아져) 공기가 저절로 빨려 듦을 말한다. 호기란 횡격막이 이완하면서 원래대로 올라가고, 늑간근이 이완되어 늑골이 꺼지면서 흉강(가슴 안) 기압이 높아져 공기가 밀려 나감을 말한다. 이렇게 살아 있는 동안에는 호흡(들숨과 날숨)이 주야장천 번갈아가면서 잇달아

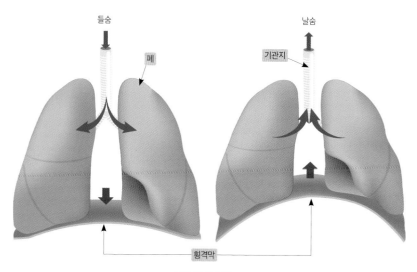

들숨　　　　　　　날숨

폐

기관지

횡격막

숨(호흡)의 원리

일어난다. 잠시만 멈춰도 곧장 저승길이다.

　딸꾹질로 부대껴보지 않은 사람은 없을 것이다. 딸꾹질은 가로막이 갑자기 수축하여 생기는 것인데 음식을 너무 빨리 먹거나 하여 난데없이 횡격막조절신경이 자극을 받은 탓이다. 횡격막 수축으로 공기가 들어와 성대 사이가 잠기면서 딸꾹딸꾹하는 소리를 낸다. 딸꾹질을 멎게 하려면 잠시 숨을 멈추면 된다. 혈액의 이산화탄소 농도가 짙어져 호흡이 빨라지면서 저절로 딸꾹질이 그친다.

숨 돌릴 사이도 없다 좀 쉴 만한 시간적 틈도 없이 무척 바쁘다.

숨은 내쉬고 말은 내 하지 말라 말은 함부로 입 밖에 내서는 안 된다는 말.

숨을 거두다(걷다) '죽다'를 다르게 이르는 말.

숨을 돌리다 잠시 여유를 얻어 휴식을 취하다.

숨이 가쁘다 / 숨이 턱에 닿다 어떤 일이 몹시 힘겹거나 급박함을 빗댄 말.

숨통을 끊어놓다 '죽이다'를 속되게 이르는 말.

숨통을 조이다 중요하거나 결정적인 곳을 억누르다.

숨통을 틔우다 답답한 일을 해결하다.

숨통이 막히다 숨을 쉴 수 없을 정도로 갑갑하다.

호흡을 같이하다 상대의 마음이나 생각을 잘 알고 그와 보조(도움)를 맞춰 나가다.

호흡이 맞다 서로의 생각과 뜻이 들어맞다.

부아(폐)

풍선처럼 부풀고 쪼그라들고

'부아'는 '허파(폐, 肺, lung)'의 순우리말로, 옛날 사람들은 허파에서 화가 생겨난다고 생각했다. 몹시 못마땅하거나 언짢아서 나는 성이 화이고, 화병(울화병)의 특징은 무엇보다 숨쉬기가 답답하고(호흡곤란) 가슴이 뛰는 것이다. 그래서 발끈 난 화를 다스리는 데 으뜸으로 치는 것이 바로 깊은 숨(심호흡)을 쉬는 것이다. 곧 부아=허파=울화이며, 이는 역정·화딱지·천불·뿔 따위와 같은 말이기도 하다. 다시 말해서 부아는 의학적으로 허파를 뜻하고, 노엽거나 분한 마음을 의미한다.

허파로 숨 쉬는 동물은 오직 척추동물(등뼈동물) 중 사지동물(四肢動物), 곧 네다리동물(어류를 제외한 양서류·파충류·조류·포유류의 각 동물임)뿐으로 사람 허파는 염통(심장)과 함께 흉강(가슴)에 들었고, 염통의 양편을 싼다.

허파는 바깥에서 공기(산소, O_2)를 얻고, 이산화탄소(CO_2)를 내보내는 호흡기관이다. 코로 들어온 공기는 연골(물렁뼈)인 기관(숨관)을 타고 내려가 두 갈래로 갈라진 기관지와 여러 번 가지를 친 세기

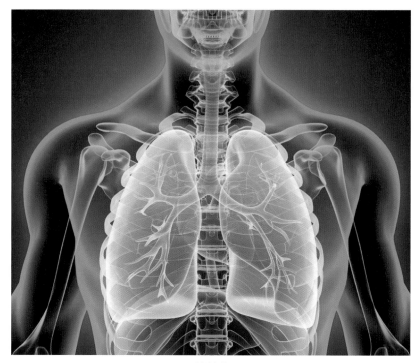

부아(폐)

관지(細氣管支)를 거쳐 가스교환이 일어나는 폐포(허파꽈리)에 이른
다. 허파꽈리는 0.1~0.2밀리미터 남짓의 지름을 가진 작은 공기주
머니로 허파에 3~5억 개가 있고, 이것을 모두 활짝 펴면 몸 체표면
적의 50배에 이른다.

사람 허파는 스스로 부풀고 오므라들지 못하며, 오른쪽 것이 3쪽
(3엽)이고 왼쪽 것이 2쪽(2엽)이다. 호흡은 흉강(가슴곽)과 복강(배안)
을 가로지르는 횡격막(가로막)과 늑간근(갈빗대힘살)이 도맡는다. 가

로막이 아래로 당겨지면서 갈비뼈가 솟구쳐 올라가 가슴 부피가 늘어나면 부아의 공기압이 낮아져 저절로 바깥공기가 허파로 들어오니, 이것이 들숨(흡기, 吸氣)이다. 반대로 가로막이 위로 치오르고 갈비뼈가 내리누르면 가슴 부피가 좁아지면서 부아의 공기압이 높아져 공기가 코로 나가니, 이것이 날숨(호기, 呼氣)이다. 호~~~ 흡~~~! 하고 소리 내볼 것이다.

숨을 한껏 들이쉬면 5~6리터의 공기를 허파에 담을 수 있는데, 이처럼 허파에 최대한 공기를 빨아들였다가 다시 내보내는 공기의 양을 폐활량이라 한다. 운동선수는 폐활량이 보통 사람보다 훨씬 커서 '달리는 산소통'이라 불리는 박지성이나 '돌고래' 박태환은 보통 사람의 거의 2배가 넘는다고 한다. 그들은 남과 훨씬 다르게 허파 돌연변이가 일어난 사람들로 아무나 그렇게 끈질기고, 힘에 부친 줄 모르게 달리며, 빠르게 헤엄칠 수 없다.

어느 기관이나 귀중치 않은 것이 없지만 가슴팍에 든 '생명 기관'인 허파와 염통은 어느 하나만 하는 일을 멈추면 금세 명줄이 끊어지고 만다. 그런데 내장 중에 유독 허파와 콩팥(신장)은 두 개씩이라서 어느 한쪽을 잃어도 생명에 큰 지장이 없다.

허파는 전체 피의 9퍼센트를 품고 있고, 부아에서 내보낸 공기는 기관을 지나면서 성대(울대) 근육을 떨게 하여 소리를 내게 한다. 그리고 허파 환경은 매우 습도가 높고, 끝이 꽉 막힌 주머니인 탓에 바이러스(virus)나 세균 발생이 잦기에 뮤신(mucin) 같은 점액을 늘 분비한다. 기관지의 섬모가 끊임없이 병균·상피세포·먼지 따위를 빗질하고, 끈끈한 뮤신에 묻혀 게워(뱉어)내니 그것이 가래(담)이다.

　어머니 자궁의 양수(羊水:모래짐물) 속 태아 허파는 움직이지 않는다. 그러나 산소와 양분을 대주던 탯줄을 자르는 순간, 아기는 응애응애 하면서 '고고지성(갓 낳은 어린아이의 첫울음 소리)'을 힘차게 질러댄다. 이는 '쪼그라진 풍선' 꼴이었던 허파(부아)가 드디어 큼직하게 좍 부풀어 퍼지면서 숨 쉬기를 시작하는 것이다!

부아 돋는 날 의붓아비 온다   한창 곤란한 일을 겪고 있을 때 반갑지 않은 일이 겹침을 에둘러 비꼬아 이르는 말.

부아(천불)가 나다 / 부아가 뒤집히다 / 부아가 상투 끝까지 치밀어 오르다   분한 마음이 몹시 강하게 일다.

부아를 돋우다   남을 골(화딱지)나게 하다.

허파 줄이 끊어졌나   쓸데없이 시시덕거리기를 좋아하는 사람을 비꼬는 말.

허파에 바람 들다   실없이 행동하거나 까닭 없이 웃음을 핀잔하는 말.

젖꼭지

흔적기관 vs. 수유기관

지구상에서 새끼를 낳아(태생) 젖을 먹여 키우는 동물은 오직 포유동물뿐이다. 사람의 유방(乳房, breast)은 양 가슴에 두 개가 자리하며, 여성의 유방이 수유기관임에 비해 젖샘이 발달하지 않은 남성의 유방은 자취만 남은 일종의 흔적기관이다. 사람 몸에 유방 수가 한 쌍보다도 많은 수가 있으니, 이를 다유방증이라 한다. 유두만 있고 유방 형성이 두드러지지 않은 것은 다유두증이라 하는데, 자칫 못 알아볼 정도로 작은 경우가 많다.

유두(젖꼭지)는 유방 한가운데에 있고, 그 둘레에 거무스름하고 동그란 유륜(젖꽃판)이 있으며, 유륜 언저리의 불룩하고 몽실한 것이 유방(젖몸/젖무덤)이다. 유륜의 지름은 보통 3센티미터로, 땀샘이 있고 촉촉이 수분을 분비하여 유아(젖먹이)가 젖을 빨기에 편하게 되어 있다. 유륜의 크기나 색깔은 개인에 따라 워낙 다르고, 월경(생리)이나 임신에 따른 호르몬의 변화에 따라서도 차이가 난다. 한쪽 또는 양쪽 젖꼭지가 쑥 나오지 않고 안으로 밀려 들어간 것을 함몰 유두라 한다.

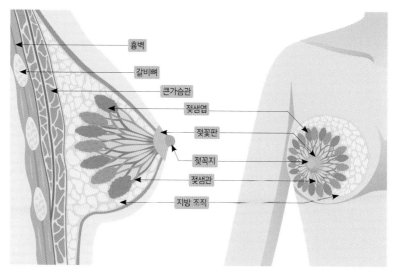

여성의 젖샘 구조

유방은 젖을 만드는 유선(젖샘)과 피하지방조직으로 구성된 반구형(공을 반으로 나눈 모양)의 기관이다. 유선은 젖을 분비하는 샘이고, 젖샘에서 젖꼭지까지 이어진 여러 개의 유관(젖관)도 들어 있다. 젖먹이가 젖을 빨면 산모의 유두와 유륜이 자극을 받아 '사랑의 호르몬'이라 부르는 옥시토신(oxytocin)이 분비되고, 그에 따른 반사작용으로 젖샘에서 젖이 생성, 분비된다.

산후에 아이에게 젖을 부지런히 빨리지 않으면 통통 불었던 젖무덤이 점점 쪼그라들면서 시나브로 젖이 말라버린다. 자주 사용하는 기관은 발달하지만 그러지 못한 기관은 점점 퇴화하여 소실된다(용불용설)는 이론에 딱 들어맞는 일이다. 수유하지 않으면 난소(알집)에서는 곧장 배란(성숙한 난자가 난소에서 배출되는 일)이 일어난다.

누가 뭐래도 젖먹이(영아)에게는 엄마젖만 한 영양분이 없다. 분유(가루젖)는 그 양을 꼭 알맞게 조절하기가 어려워 아무래도 넘치게 먹이기 마련이라 유아 때 이미 지방세포가 지나치게 많이 생겨 나중에 커서 과체중인 사람이 되기 쉽다고 한다. 이 때문에 세계보건기구(WHO)에서는 최소 생후 6개월은 모유를 먹이라고 권하고 있다.

모유를 먹이면 유아급사증후군(원인 불명의 돌연사)의 감소에다 지능 발달·중이염 감소·독감 저항력 증가·어린이 당뇨, 또는 유아 백혈병 감소·치아 보호·천식·습진·비만·정신장애 등을 예방할 수 있다. 나아가 모자간 피부 접촉을 통해 정신적인 만족감과 애정 교감이 일어난다는 것은 두말할 필요가 없다.

모유 수유는 모체에게도 도움이 되니 그야말로 금상첨화(비단 위에 꽃을 더한다는 뜻으로, 좋은 일 위에 또 좋은 일이 더하여짐)다. 산모 자궁을 정상 상태로 돌려줘서 출혈을 멈추게 하고, 체중을 임신 전 상태로 회복시켜주며, 노후 유방암을 줄여준다.

이런 말 들어봤니?

어린애 젖 조르듯 몹시 졸라 대며 귀찮게 구는 것을 빗대어 이르는 말.

우는(보채는) 아이 젖 준다 무슨 일에 있어서나 달라고 해야 얻을 수 있음을 뜻하는 말.

젖 떨어진 강아지 같다 젖 뗀 강아지가 어미젖이 그리워 애처로이 울부짖는 다는 뜻으로, 몹시 보챈다는 말.

젖 먹는 강아지 발뒤축 문다 어린 사람이 윗사람을 어려워하지 않고 버릇없이 굴다.

젖 먹은 밸(배알/창자)까지 뒤집힌다 매우 속이 상하고 아니꼽다는 말.

젖 먹은 힘까지 다 낸다 일에 최선을 다하다.

젖꼭지(가) 떨어지다 / 젖(을) 떼다 젖먹이나 짐승의 새끼가 더 이상 젖을 먹지 않게 되다.

젖줄이 좋다 젖이 줄줄 많이 나온다는 말.

구상유취(口尙乳臭) 입에서 아직 젖내가 난다는 뜻으로, 말과 행동이 유치하기 짝이 없음을 얕보아 이르는 말.

배꼽

난 배꼽이 든 배꼽으로

배꼽(제, 臍, navel)이란 탯줄이 떨어지면서 배 한가운데에 생긴 흔적(흉터)이다. 식물의 열매에서 꽃받침이 붙었던, 쏙 들어간 자리도 배꼽이라 한다. 아이를 낳은 뒤에 탯줄을 끊는 것을 "삼을 가르다"라 하고, 무엇을 꽉 붙잡을 때 "탯줄 잡듯 하다"고 한다. 이렇게 배꼽과 탯줄(제대, 臍帶)은 떼려야 뗄 수 없는 관계다.

사람에선 배꼽 자국이 매우 또렷하지만 다른 포유동물은 납작하거나 밋밋하고, 가는 금 같거나 털에 가려 잘 보이지 않는다. 동물들은 새끼를 낳자마자 탯줄을 깨물어 잘라 서둘러 태(새끼를 둘러싸고 있던 주머니)를 먹어 치우는데 이는 태가 양분이 되는 것은 물론이고, 포식자(천적)들이 냄새를 맡고 달려드는 것을 막기 위함이다.

'배꼽춤'은 민속산대놀음에서 왜장녀(탈을 쓰고 춤추는 사람)가 배를 내놓고 미친 듯이 추는 춤을 말하고(서양의 벨리댄스도 이와 다르지 않음), '배꼽시계'란 배가 고픈 것을 몸으로 짐작하는 것을 뜻하며, '배꼽 인사'는 허리를 90도로 숙여 하는 인사이다. '배꼽티'는 배꼽이 보일 정도로 짧은 셔츠(shirt)를 이른다.

탯줄은 한마디로 모체의 자궁 속 태반과 태아 배꼽을 잇는 굵은 줄(띠)로, 모체의 산소·양분·비타민·호르몬·항체 등이 든 피가 지나는 길이다. 이것들이 태아의 전

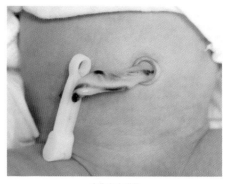

신생아의 탯줄.
남아 있는 탯줄의 뿌리는 2~3주 뒤면 말라서 떨어진다.

신을 한 바퀴 돈 끝에 만들어진 이산화탄소나 요소 따위의 태아의 대사산물(노폐물) 역시 제대를 통해 고스란히 모체로 흘러든다. 다시 말해서 어머니와 태아는 한 몸인 셈이다.

배꼽은 일종의 흔적기관으로 특별히 하는 일은 없다. 어릴 적에 여름 빼고는 목욕을 거의 못하는지라 배꼽에 때꼽재기(쇠똥/쇠딱지) 같은 것이 잔뜩 끼곤 했다. 고개를 내려 처박고 배꼽 때를 빼내다가 엄마한테 들켜 혼줄 나곤 했는데 엄마도 배꼽노리(자리)가 얇고 여린 조직임을 알고 계셨던 것. 그때만 해도 삼대(삼의 줄기)같이 빼빼 말라 배꼽이 불룩 나와 있던 필자의 '난 배꼽'은 이제 옴폭 들어간 '든 배꼽'이 되고 말았다.

돌부처가 웃다가 배꼽이 떨어지겠다　너무나 어처구니없는 일임을 빗대어 이르는 말.

배꼽 떨어진 고장　자기가 태어난 마을을 빗대어 이르는 말.

배꼽도 덜 떨어지다　탯줄 자른 자국도 채 떨어지지 않은 어린아이를 가리키는 말.

배꼽에 노송나무 나거든　사람이 죽은 뒤 무덤 위에 소나무가 나서 늙은 소나무가 된다는 뜻으로, 기약할 수 없음을 뜻하는 말.

배꼽에 어루쇠를 붙인 것 같다　배꼽에 구리 따위의 쇠붙이를 반들반들하게 갈고 닦아서 만든 거울(어루쇠)을 붙이고 다녀서 모든 것을 속까지 환히 비추어 본다는 뜻으로, 눈치가 빠르고 사리(이치)에 밝아 남의 속을 잘 알아차림을 빗대어 이르는 말.

배꼽을 빼다 / 배꼽 쥐다　몹시 우스워 배를 움켜잡고 크게 웃다.

배꼽이 웃겠다　하는 짓이 하도 어이가 없거나 어린아이 장난 같아 우습기 짝이 없다는 말.

배꼽이 하품하겠다　북한어로, 너무 어이없고 같잖다는 말.

아이보다 배꼽이 크다　바탕이 되는 것보다 곁다리로 딸린 것이 더 큼을 이르는 말.

간(담)

몸에서 일어나는 거의 모든 일에 간여한다고?

간(肝, liver)은 우리 몸에서 가장 큰 기관으로 무게가 무려 1.5킬로그램이나 되며, 오른쪽 갈비뼈 밑에 있다. 소장(작은창자)에서 소화, 흡수된 영양소들이 일단 장과 간 사이에 퍼져 있는 정맥(문맥)을 지나 간을 거쳐 온몸으로 가기에 간은 우리 몸에서 일종의 '수위실' 역할을 한다. 재생력이 강해 일부를 떼어내도 거뜬히 살 수 있을 뿐더러 이식(옮겨 붙임)도 가능하다. 바로 아래에 담낭(쓸개주머니)이 이웃하는데, 담낭은 간에서 만들어진 즙액(담즙)을 저장하는 주머니다. 간담은 간과 쓸개를 아울러 이르는 말이다.

간의 기능은 500여 가지가 넘는다지만 여기에서는 아주 중요한 몇 가지만 살펴본다.

1) 간은 포도당을 글리코겐(glycogen)으로 바꿔 저장하고, 그나마 혈당(혈액 속의 포도당)이 부족하면 곧바로 글리코겐을 포도당으로 분해하여 빠르게 채운다. 사실 아주 추울 때는 몸 밖 근육만 부르르 떠는 게 아니라 배 속의 간도 달달 떨어서 보통 때보다 서너 배의

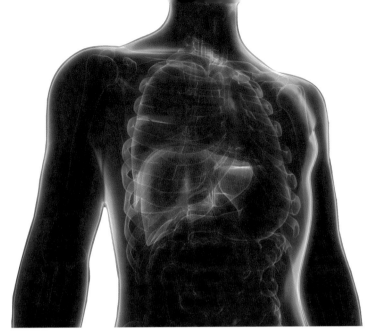

간(담)

에너지(열)를 내어 내장이 식는 것을 막는다.

2) 간은 몸(세포)에 해로운 술·니코틴·수면제·항생제 따위를 끊임없이 분해한다. 그러기에 일정한 시간이 지나면 약을 다시 먹어야 한다. 만일 간이 수면제를 분해하지 못한다면 내리 잠에 빠져 깨어나지 못할 수도 있다. 그리고 세포에 해로운 술 따위를 분해하느라 자칫 간이 다치는 수가 있다.

3) 소변 지린내를 내는 요소는 간에서 생성된다. 3대 영양소인 탄수화물·지방·단백질 중에서 앞의 둘은 이산화탄소(CO_2)와 물(H_2O)로 분해돼버리지만, 단백질은 사뭇 다르게 이산화탄소와 물 말고도 세포에 해로운 암모니아(NH_3)를 발생시키는데 이것을 간에

서 덜 해로운 요소로 바꾼다. 이 과정을 '요소회로' 또는 '오르니틴
회로(ornithine cycle)'라 한다.

4) 간은 소화되어 들어온 지방산과 글리세린을 지방으로 재합성
하며, 세포막이나 성호르몬을 만드는 콜레스테롤도 합성한다. 또
당을 지방으로, 지방을 당으로 전환하는 일도 하는데 밥(탄수화물)
만 먹어도 살이 찌는 까닭이 여기에 있다.

5) 간은 남자의 몸에서는 여성호르몬을, 여자의 몸에서는 남성
호르몬을 분해하여 남성다움과 여성다움을 유지한다. 그런데 늙어
서 간 기능이 쇠퇴하면 좀체 호르몬을 깨뜨려버리지 못하기에 시
나브로(모르는 사이에 조금씩) 남자는 여성화, 여자는 남성화 되어가
는 것이다.

6) 골수(뼛속)에서 만들어진 적혈구는 120일 정도 지나면 간이나
지라(비장)에서 파괴되는 과정을 거친다. 이때 적혈구 속의 헤모글
로빈(hemoglobin)도 분해되면서 노란색을 띠는 빌리루빈(bilirubin)
이 생성되는데 이것의 일부는 간에서 쓸개로 내려가 대변에 섞이
고, 또 다른 일부는 신장(콩팥)을 지나 소변으로 나간다. 그러니 똥
오줌이 누르스름한 것은 바로 적혈구의 추깃물(시체 썩은 물) 때문이
렷다!

간(이) 떨어지다 몹시 놀라다.

간담이 서늘하다 몹시 놀라서 섬뜩하다.

간덩이가 부었다 철딱서니 없이 설침(나댐)을 빗대어 이르는 말.

간에 기별도 안 가다 음식을 아주 조금 먹어서 배가 차지 않다.

간에 바람(이) 들다 행동이 실답지(믿음직하지) 못하다.

간에 불붙다 다급(매우 급함)하여 간장이 타는 것 같다.

간에 붙고 쓸개에 붙는다 제게 조금만 이로운 일이면 체면과 지조를 돌보지 않고 꼴사납게도 아무에게나 달려가 아첨하는 경우를 비유한 말.

간이 뒤집혔나 허파에 바람이 들었나 평정심을 잃고 까닭 없이 웃음을 핀잔하는 말.

간이 떨리다 겁이 나거나 또는 아주 분하다.

간이 콩알만 하다 매우 두려워서 기를 펴지 못하다.

간담상조(肝膽相照) 간과 쓸개를 꺼내 보인다는 뜻으로, 서로 속마음을 터놓고 무람없이(예의를 지키지 않으며 삼가고 조심하는 것이 없음) 지냄을 이르는 말.

와신상담(臥薪嘗膽) 불편한 섶에 몸을 눕히고 쓸개를 핥는다는 뜻으로, 마음 먹은 일을 이루기 위해 온갖 어려움과 괴로움을 참고 견딘다는 말. 중국 춘추시대 오나라의 왕 부차가 아버지의 원수를 갚기 위해 섶(땔나무) 위에서 잠을 자며 월나라의 왕 구천에게 복수할 것을 맹세하였고, 그에게 패배한 월나라의 왕 구천이 쓸개를 핥으면서 복수를 다짐하였다는 고사에서 나온 말이다.

쓸개

쓸개즙은 쓸개에서 만들지 않는다!

쓸개(딤낭, 膽囊, gallbladder)는 간의 큰 부위(우엽) 아래에 붙어 있는, 길이 7~8센티미터 가량에 너비 2~3센티미터 정도의 주머니로 담관(쓸개관)에 이어진다. 쓸개즙(담즙)은 약알칼리성을 띠며, 주로 지방 소화에 관계하지만 소화효소가 없어서 직접 소화를 시키지는 못하고 간접적으로 소화가 잘 되게끔 지방을 쌀뜨물(미즙)처럼 만들어준다. 쓸개라는 이름은 쓸개즙이 매우 쓰기 때문에 붙은 것이라고 한다.

쓸개는 간에서 만들어진 쓸개즙을 받아 6~10배 정도로 농축하여 저장했다가 위의 음식이 십이지장으로 내려가면, 번개같이 쓸개 주머니를 불끈 쥐어짜서 쓸개즙을 췌장액(이자액)과 함께 십이지장으로 흘려 보낸다.

쓸개의 부피는 40~70밀리리터 정도로 공복(배 속이 비어 있는 상태)에는 쓸개즙이 차곡차곡 쌓여서 늘어나고, 음식을 먹기 시작하면 30분 내로 다 빠져나가서 쪼그라든다. 그리고 간에서 나오는 총담관과 쓸개에서 나오는 담낭관이 합쳐져 소장(십이지장)으로 내려

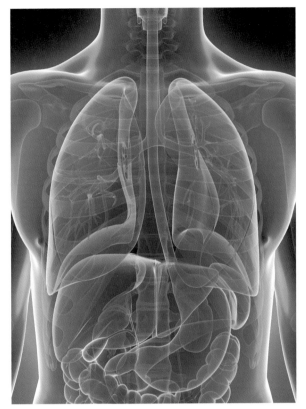

쓸개(담낭)

가는 길을 담도(쓸개길)라 한다. 쓸개주머니가 없어서 쓸개즙이 쓸개에 저장되었다 나오지 못하고 곧장 샘창자로 흘러 들어가는, 쓸개가 없는 동물에는 말·사슴·코끼리·낙타·고래·물개·돌고래·집비둘기 등이 있다.

　그렇다면 쓸개즙(담즙)은 무슨 색일까? 수명을 다한 적혈구가 분해되면서 빌리루빈이 생기고, 이것 때문에 쓸개즙은 노란색을 띠지만 농도가 짙어지면 초록색을 띠게 된다. 또 담관이 막혀 빌리루빈이 대소변으로 빠져나가지 못하고 혈액 속에 계속 머물면 눈이나 피부가 누르스름하게 변하는 황달병에 걸린다.

자칫 과음이나 뱃멀미가 심하면 위 속의 음식물을 모조리 토한다. 더는 올릴 것이 없음에도 무릅쓰고 기를 쓰며(있는 힘을 다함) 왝왝거리다 보면 적은 양의 노란색 '똥물'이 올라오는데 이것이 바로 쓰디쓴 쓸개즙이다.

담석이란 쓸개즙 성분이 담낭이나 담관(쓸개관) 내에서 응결(한데 엉기어 뭉침)하고 침착(밑으로 가라앉아 들러붙음)하여 형성된 결정 구조물로, 80퍼센트가 콜레스테롤 담석이고 20퍼센트가 색소성 담석이다. 한편 소의 쓸개주머니나 쓸개관 안에 생긴 담석은 '우황'이라 하여 그것으로 우황청심환을 만들며, 곰의 쓸개인 '웅담'은 말려서 약재로 쓴다.

참고로 담낭이나 담관에 생긴 돌이 담석이고, 신장(콩팥) 아래의 수뇨관(요관)에 생긴 것이 요석(요로결석)이다. 그 돌덩어리가 쓸개관이나 수뇨관 벽을 갉고 훑으면 아프기 짝이 없으니 해산(아이를 낳음) 때의 산통에 버금가는 통증이다. 사실 그 돌들은 죽어 화장 뒤에 나오는 구슬 모양의 사리가 될 것들이다.

간담이 서늘하다 몹시 놀라서 섬뜩하다는 말. '간담'은 간과 쓸개를 아울러 이르는 말이다.

간도 쓸개도 없다 용기나 줏대 없이 남에게 굽히다.

도깨비 쓸개라 보잘것없이 작고 추잡한 것이라는 말.

쓸개 빠지다 하는 짓이 사리(순리)에 맞지 않고 줏대가 없다.

쓸개 빠진 놈 정신을 바로 차리지 못하는 사람을 낮잡아 이르는 말.

쓸개에 가 붙고 간에 가 붙는다 자기에게 조금이라도 이익이 되면 지조 없이 이편에 붙었다 저편에 붙었다 함을 비유하여 이르는 말.

쓸개자루가 크다 담력(용감한 기운)이 커서 겁이 없다.

우황 든 소 같다 분을 이기지 못하여 어쩔 줄 모르고 괴로워하거나, 남에게 말 못 하고 혼자 애태우는 답답한 모습을 이르는 말.

재수 없는 포수는 곰을 잡아도 웅담이 없다 일이 안되려면 하는 모든 일이 잘 안 풀리고 뜻하지 않은 불행도 생긴다는 말.

지라(비장)

적혈구 생산자가 적혈구 파괴자로

비위(脾胃)란 말은 의학적으로는 지라인 비장(脾臟, spleen)과 위장(胃臟, stomach)를 통틀어 이르지만, 어떤 음식물이 어지간히 먹고 싶은 마음 또는 아니꼽고 밉살스러운 것을 견뎌내는 성미를 이르기도 한다.

사실 지라는 잔병에도 잘 걸리지 않는 익숙지 않은 기관인지라 그 이름도 꽤나 설다. 지라의 무게는 체중의 약 0.5퍼센트로 여러 기관들 중에 작은 편이며, 혈관(핏줄)이 많이 퍼진 탓에 붉은빛의 갈색(적갈색)을 띤다. 또 해면질(갯솜질)로 된 조직이라 틈이 많고, 흐물흐물하다.

지라를 비장(脾臟)이라고 하지만 남이 모르게 감추어 두거나 소중히 간직했다가 급하면 쓰는 것도 비장(秘藏)이며, 장딴지(종아리) 역시 비장(腓腸)이라 하니 이 셋은 소리내기(발음)는 같아도 그 뜻이 다른 동음이의어인 셈이다.

지라는 체내 최대의 림프(lymph)기관으로서 전신의 림프기관 중량의 25퍼센트를 차지하며 평균 무게는 150그램, 길이는 5센티미

터 안팎이다. 오
직 척추동물(등뼈
동물)만 가지는 내
장(장기)으로 일종
의 혈액순환기관
이다. 간과 함께,
수명 120일을 다
채운 늙고 낡은 적
혈구를 잇따라서
연신(자꾸) 깨부순
다. 태아 5개월까
지는 지라에서 적
혈구(붉은피톨)를

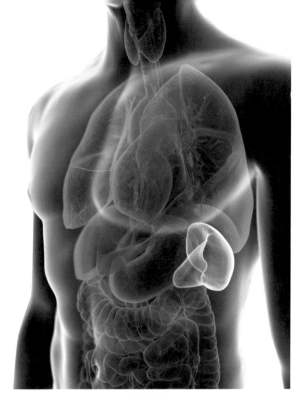

지라(비장)

만들지만, 그 뒤로는 반대로 적혈구를 파괴한다.

　지라는 백혈구(흰피톨)의 일종인 림프구(림프톨)를 만들어 세균을
잡아 죽일 뿐 아니라 항체를 만들어 면역력을 키워준다. 몸에 피가
딸리면 지라가 오그라들면서(수축) 피를 짜 보내어 피돌기를 거들
고, 혈소판(피티)을 많이 저장하고 있어 혈액응고도 돕는다. 참고로
순우리말인 '피티'의 티는 먼지처럼 아주 잔 부스러기를 뜻하는 말
로 혈소판이 작음을 뜻한다.

비위(를) 쓰다   아니꼽고 싫은 일을 일부러 하다.

비위(를) 팔다   마음에 거슬리는 것을 꾹 참다.

비위가 노래기 회 쳐 먹겠다   고약한 노린내가 나는 노래기를 날로 잘게 썰어 먹을 정도로 비위가 좋음을 이르는 말.

비위가 떡판(떡함지)에 가 넘어지겠다   떡판에 넘어진 것같이 꾸며서 떡을 먹으려 한다는 뜻으로, 몹시 비위가 좋다는 말.

비위가 사납다   마음에 거슬리어 아니꼽다.

비위가 상하다(뒤집히다)   불쾌하고 속이 상하다.

비윗살 좋기가 오뉴월 쉬파리를 찜 쪄 먹겠다   북한어로, 아주 비위가 좋음을 빗대어 이르는 말. '비윗살'이란 비위를 부리는 배짱을 말한다.

155

창자

길이가 점점 짧아지고 있다고?

창자(장, 腸, intestine)는 소장(small intestine)과 대장(large intestine)으로 나뉜다. 창자의 대부분을 소장이 차지하고 있으며, 음식의 소화·흡수·배설을 맡는다. 소장은 길이가 5~8미터, 굵기(지름)가 2.5~3센티미터인데 사람 식성이 초식에서 육식으로 바뀌면서 그 길이가 점점 짧아지고 있다 한다. 또 복부의 가운데에 있으면서 대부분의 소화가 일어나고, 십이지장(샘창자), 공장(빈창자), 회장(돌창자) 세 부위로 구분한다.

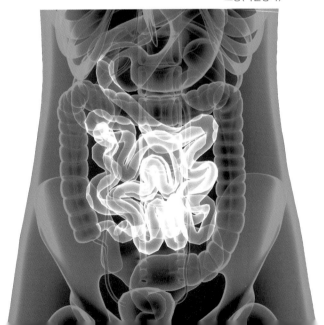

소장(작은창자)

신기하게도 우리 몸에서 암에 잘 걸리지 않는 기관이 소장과 심장이다. 소장은 늘 연동운동(꿈틀운동)과 양분 흡수를 쉼 없이 하고, 심장은 밤낮없이 하루에 약 10만 번을 뛴다. 두 기관 모두 바쁘고, 꾸준히 활동하는 점이 같지 않은가?

십이지장은 소장의 들머리(들어가는 맨 첫머리)로, 손가락 열둘을 옆으로 나란히 붙여놓은 길이(약 25센티미터)의 창자란 뜻이며 C자형으로 고부라졌다. 위장에서 음식이 샘창자로 넘어오면 담즙(쓸개즙)과 췌장액(이자액)이 흘러나와 두루 음식물에 섞인다. 샘창자 다음에 이어지는 공장은 길이가 전체 소장의 약 2/5(2.5m)를 차지하며, 포도당·아미노산·지방산 등 소화된 영양분을 흡수한다. 그다음 소장인 회장은 소장의 끄트머리로, 비타민 B_{12}와 담즙을 흡수하고, 소장 길이의 약 3/5(3m)을 차지한다.

소장의 점막은 주름이 많고, 0.5~1.5밀리미터 크기의 수많은 융

대장(큰창자)

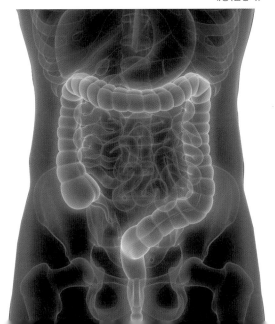

모(융털)로 덮여 있으며, 각각의 융털에는 헤아릴 수 없이 많은 미세 융털이 나 있다. 이렇게 표면적을 무한히 넓혀주어(약 300m²) 양분의 흡수를 돕는다.

다음은 대장 이야기이다. 대장은 맹장(막창자), 결장(구불창자), 직장(곧창자) 순으로 이어져 항문에 닿는다. 무게로 치면 200그램이나 되며, 길이는 1.5~1.7미터로 소장에 비해 짧으나 속이 넓고 겉은 울룩불룩하다.

우선 맹장(막창자)은 지름 8.5센티미터 남짓으로 가장 굵고, 아래에 새끼손까락만 한 충수돌기(막창자꼬리)가 붙었다. 충수는 맹장염이 흔히 생기는 곳이고, 퇴화한 흔적기관이지만 면역항체를 만들어준다. 한때는 그런 사실을 도통 모르고 성가시게 여겨 서슴없이 송두리째 잘라버렸던 적이 있었다. 결장은 길이 1.5~1.6미터 정도로 대장의 대부분을 차지하며, 상행결장(오름큰창자), 횡행결장(가로큰창자), 하행결장(내림큰창자), S상결장(구불큰창자)으로 구분한다. 대장의 맨 끝인 직장은 항문과 연결되고, 길이 15센티미터 정도로 대장암 등이 자주 생기는 부위다.

대장에서는 약 16시간 가까이 음식이 머물면서 대부분의 물이 흡수되며, 설사는 대장염 등으로 생긴다. 사람 체세포수에 버금가는 500~700여 종의 세균·균류(곰팡이)·원생동물이 살고 있는데, 물론 유익한 공생세균이 대부분으로 유산균은 대장에서 면역 물질까지 만든다.

대장균(장내세균)은 소화 흡수되고 남은 섬유소 따위의 다당류를 분해하여 비타민 K, 비오틴(biotin)을 생성한다. 대체로 섬유소를 분해한 뒤 양분을 얻으면서 생기는 질소·이산화탄소·수소·황화수소·메탄가스·인돌 등이 방귀가 된다. 특히 아미노산인 트립토판(tryptophan)에서 퀴퀴한 구린내를 내는 인돌(indole)이 나온다. 짐승 고기를 많이 먹으면 방귀 냄새가 독한 까닭이 여기에 있으렷다. 애오라지(오로지) 탄수화물 덩어리인 꽁보리밥을 먹고 뀌는 보리방귀에서는 구린내가 나지 않는다!

곧기가 뱀의 창자 같다 북한어로, 지나치게 고지식하고 융통성이 없음을 이르는 말.

돼지 꼬리 잡고 순대 달란다 북한어로, 단계를 생각하지 않고 성급하게 요구를 한다는 말.

여윈 소 순대가 크다 북한어로, 비쩍 마른 짐승일수록 외려(오히려) 많이 먹는다는 말.

창자(가슴)가 미어지다 마음이 슬픔이나 고통으로 가득 차 견디기 힘들다.

창자가 끊어지다 슬픔이나 분노가 너무 커서 참기가 어렵다.

창자가 빠지다 하는 짓이 줏대가 없고 옳지 못함을 속되게 이르는 말.

창자를 끊다 / 간장을 끊다 몹시 애가 타거나 슬프다.

애

속마음이나 몸속 내장을 뜻하는 말

'애'의 어원(말밑)은 무엇일까? 첫째, 애란 순우리말로 '초조한 마음(속)이나 몹시 수고로움'을 뜻한다. 둘째, 내장(창자·쓸개·간)의 옛말로 "애끊다"라 하면 "몹시 슬퍼서 창자가 끊어질 것 같다"는 단장(斷腸)'의 의미를 가진다. '애간장'은 '애'를 강조하여 이르는 말이다. 이렇게 애는 속마음이나 몸속 내장을 뜻하는 말로 사용된다.

초식동물인 소나 양의 창자는 퍽 길고, 범이나 사자 같은 육식동물의 창자는 참 짧으며, 사람은 잡식동물로 그 중간에 든다. 소의 창자 길이를 보면 60미터로 몸길이의 22배, 사자는 3미터 정도로 몸길이의 1.5배, 사람은 5배 남짓 된다.

한 뼘 남짓한 사람의 배 속에 어떻게 9미터(소장 길이 6~7m, 대장 길이 1.5m임) 안팎의 굵은 애(창자)가 들어 있을까? 이는 곧 올챙이 창자처럼 포개져 돌돌 말린 탓이다. 고사리 새싹이 감줄(코일)처럼 맴돌아 말리고, 실타래에 긴 실을 칭칭 감을 수 있듯이 말이다. 꼬임·말림·감김은 좁은 공간(부피)에 많은 것(양)을 집어넣을 수 있다. 50미터에 이르는 라면 사리도 헝클어지지 않도록 가지런히 돌돌 감싸 사려놨기에 부피를 한껏 줄일 수 있었던 것! 공항 검색대 앞의 줄도 창자 꼬이듯이 구불구불 사리고 있기에 좁은 면적에도 많은 사람이 설 수 있는 것이 아니겠는가.

다음은 이순신 장군이 임진왜란 중 한산도 제승당에 머물면서 지은 시조인데, 앞의 이야기들을 터득하였다면 이제 시조 속의 '애'를 쉽게 깨달을 수 있을 것이다.

한산섬 달 밝은 밤에 수루에 홀로 앉아

(밝은 달이 비치는 한산도의 깊은 밤에 성 위 전망대에 혼자 앉아)

큰 칼 옆에 차고 깊은 시름 하는 적에

(큰 칼을 옆에 차고 나라 걱정에 잠겨 있는데)

어디서 일성호가는 남의 애를 끊나니.

(누군가가 부는 한 가닥 피리 소리가 나의 애를 끊듯 슬프게 들리는구나.)

듣보기장사 애 말라 죽는다 여기저기 뜨내기로 돌아다니던 듣보기장사가 이익을 볼 수 없게 되어 매우 애를 태운다는 뜻으로, 시세를 듣보아 가며 요행수를 바라다가 몹시 애를 태움을 빗대어 이르는 말.

애(애간장)를 말리다 남을 안타깝고 속이 상하게 만들다. '애간장'이란 애를 강조하여 이르는 말이다.

애가 마르다 몹시 안타깝고 초조하여 속이 상하다.

애가 씌우다 안타까운 마음이 쓰이다.

애간장을 태우다 몹시 초조하여 속을 많이 태우다.

구곡간장(九曲肝腸) 굽이굽이 서린(둥그렇게 포개어 감긴) 간과 창자라는 뜻으로, 시름 걱정이 쌓인 깊은 속마음을 빗댄 말.

구절양장(九折羊腸) 아홉 번 꼬부라진 양의 창자라는 뜻으로, 꼬불꼬불하며 험한 산길 또는 가시밭 인생길을 빗대어 이르는 말.

163

등
몸통을 지탱하는 기둥

등(배, 背, back)이란 가슴과 배의 반대편으로 몸통을 지탱하는 근골(근육과 뼈)을 뜻한다. 그런데 등(등짝)의 피부는 다른 부위에 비해 두꺼운 편이고, 체모(몸털)가 거의 없으며, 말초신경이 적게 퍼져 있다. 등 가운데는 손이 잘 닿지 않는 자리라 가렵기라도 하면 효자손이라 부르는 등긁이 신세를 진다. 내 몸인데도 내 손이 가지 못하는 구석이 바로 거기다.

사람의 등 가운데는 등뼈가 세로로 내리뻗었다. 등뼈는 척추골 또는 추골이라 하고, 이것들이 서로 연결되어 기둥처럼 이어진 전체를 척주(등마루)라 한다. 등뼈는 주변의 근육·인대·힘줄로 싸여 있으므로 근육이 튼튼해야 척추(척주를 이루는 하나하나의 뼈)를 굳세게 받칠 수 있다.

등뼈는 7개의 목뼈(경추), 12개의 가슴뼈(흉추), 5개의 허리뼈(요추), 5개의 엉치뼈(천추)와 4(3~5)개의 꼬리뼈(미추)를 합쳐 총 33개의 뼈로 이루어진다. 목뼈·등뼈·허리뼈는 움직임이 가능하지만 엉치뼈와 꼬리뼈는 움직일 수 없는 고정 척추다. 조금 보태면 7개의 목

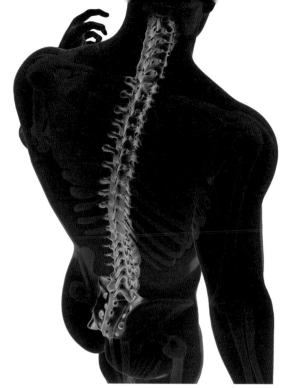

척주(등마루)

뼈, 12개의 가슴뼈, 5개의 허리뼈를 합친 24개 뼈의 관절 사이에는 디스크(disc)가 들어 있어서 서로 나뉘고 움직이지만, 5개의 엉치뼈와 4개의 꼬리뼈를 합친 9개는 구별 없이 몽땅 하나로 합쳐져 움직일 수 없다.

척추와 척추 사이 관절에는 역시 디스크라 부르는 추간판(척추사이원반)이 들었으니 이는 충격을 흡수하고, 압력을 고르게 펴주며, 척주를 안정적으로 지탱한다. 다시 말해서 디스크는 척추 사이에 든 섬유연골관절로 척추를 이어주는 탄력 있는 받침대이다.

심한 통증을 일으키는 목디스크나 허리디스크는 척추사이원반이 약해져 바깥쪽으로 돌출되어(탈출하여) 신경뿌리를 압박하는 것이다. 또 늙어가면서 척추뼈구멍(추공)이 이어져서 이룬 관으로 속에 척수(등골)가 든 척주관이 닳거나 척추사이구멍(추간공)이 좁아져서 다리로 가는 신경이 눌려진 것이 척추관협착증이다. 이런 병은 죄다 네 다리로 기어 다니는 동물에겐 없고, 얄궂게도 두 다리로 똑바로 서서 다니는(직립보행) 사람에게만 생긴다.

거북이 잔등이에 털을 긁는다 털이 나지 않는 거북의 등에서 털을 긁는다는 뜻으로, 아무리 구하여도 얻지 못함을 비꼬아 이르는 말.

게 등에 소금 치기 / 남생이 등에 활쏘기 아무리 해도 쓸데없는 짓임을 빗대어 이르는 말.

고래 등 같다 기와집이 덩그렇게 높고 크다.

한 소 등에 두 길마를 지울까 한 사람이 동시에 두 가지 일을 할 수 없음을 이르는 말.

등 쓰다듬어준 강아지 발등 문다 은혜를 베풀어준 사람으로부터 도리어 해코지 당함을 이르는 말.

등쳐 먹다 악독하고 교활한 짓으로 남의 재물을 빼앗다.

등에 풀 바른 것 같다 등이 빳빳하여 몸 움직임이 자유롭지 못하다.

등을 대다 남의 힘에 기댐(의지함)을 빗대어 이르는 말.

등을 돌리다 뜻을 같이하던 사람이 관계를 끊고(믿음과 의리를 저버리고) 돌아서다(배반하다).

등을 떠밀다 일을 억지로 시키거나 부추기다.

등 치고 배 만지다 / 등 치고 간 내다 겉으로는 위해주는 척하면서 속으로는 해를 입히다.

배가 등가죽에 붙다 배가 홀쭉하고 몹시 허기짐을 빗대어 이르는 말.

배부르고 등 따습다 모자람 없이 잘 지내다.

허리

우리 몸의 대들보

허리(요, 腰, waist)란 사람이나 동물의 갈빗대 아래에서부터 엉덩이까지의 잘록한 부분을 뜻하고, 사물의 가운데 부분을 일컫기도 한다. 집(가옥)에 비유하면 기둥과 기둥 사이를 건너지른 대들보와 같다. '요절(허리가 부러짐)하다'란 젊은 나이에 죽음을, '길허리'란 길의 중간을, '산허리'란 산 중턱의 둘레길이나 잘록하게 들어간 산등성이를 빗대 이르는 말이다.

허리둘레는 복부비만을 재는 가늠자(지표)인데 일반적으로 남자는 102센티미터, 여자는 88센티미터가 넘는 경우로 그에 따른 여러 병(고혈압, 당뇨 등)에 걸리기 쉽다. 군살(군더더기 살)은 한마디로 아무짝에도 쓸모없는 것이라 몸을 많이 움직이고, 될 수 있는 한 절식(음식을 줄여 먹음)하여야 한다.

사실 사람은 두 다리만으로 등을 꼿꼿이 세우고 걷는 직립보행을 하기에 허리에 무리가 가 다치기 쉽고, 또 내장이 아래로 내리눌러 항문에 치질 등의 병이 생긴다. 허리뼈는 몸무게를 가장 많이 받는 탓에 다른 등뼈에 비해 아주 크면서 단단하다. 그러나 나이를 먹

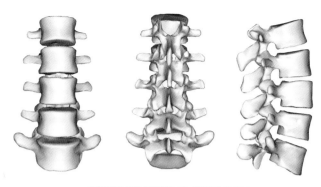

허리뼈를 여러 방향(앞, 뒤, 옆)에서 본 모습

으면 허리뼈가 약해지면서 몸이 앞으로 굽어 '꼬부랑이'가 되고 만다. 그 꼬부랑 할아버지 할머니가 꼬부랑 지팡이 짚고, 꼬부랑 고개를 꼬부랑꼬부랑 넘어간다고 하는데 이는 저승으로 갈 날이 얼마 남지 않았다는 뜻이렷다.

흔히 좋지 않은 허리뼈를 보호하느라 허리 보호대(복대)를 한다. 하지만 이것에 의지하면 허리 근육이 약해져 보호대 없이는 생활하기 힘든 약한 허리가 되고 만다. "잠깐은 친구지만 오래 두르면 원수"가 되는 것이다. 자주 쓰면 발달하고 잔뜩 놀리면 퇴화한다는 '용불용설'은 여기에도 해당한다.

고비(겁)늙는 바람에 생기는 퇴행성 질환은 평소의 생활 습관에 매였다. 늘 무거운 짐을 나르거나 허리를 너무 많이 써서 척추에 무리가 가면 그만큼 퇴화가 앞당겨진다. 그러므로 물건을 들 때는 언제나 몸 쪽으로 가깝게 당겨서 치켜들며, 허리를 구부리면서 비틀지 말고, 의자에 허리를 펴고 앉는 버릇을 들이는 것이 좋다.

급하다고 바늘허리에 실 매어 쓸까 일에는 정해진 순서가 있으므로 아무리 급해도 서둘지 말고 차례를 밟아서 일해야 함을 빗대어 이르는 말.

난쟁이 허리춤 추키듯 땅딸보가 자꾸 흘러내리는 바지를 추어올리듯이 남을 끊임없이 칭찬하는 모습을 이르는 말.

부처님 가운데(허리) 토막 음흉하거나 요사스러운 마음이 전혀 없이 자비로운 부처처럼 지나치게 어질고 순한 사람을 이르는 말.

허리가 꼿꼿하다 나이에 비해 썩 젊다는 말.

허리가 잘리다 우리나라처럼 국토가 분단된다거나 어떤 일이 일시에 중단됨을 이르는 말.

허리가 휘다 감당하기 어려운 일을 하느라 힘이 부치거나 매우 힘들다.

허리띠를 늦추다 생활의 여유가 생기거나 안심이 되어 긴장을 풀고 마음을 편안하게 놓다.

허리띠를 졸라매다 검소(수수한)한 생활을 한다거나 마음먹은 일을 이루려고 새로운 결의와 단단한 각오로 일에 임하다.

허리를 굽히다 남에게 겸손한 태도를 보여 정중히 인사하다.

허리를 쥐고 웃다 웃음을 더 참을 수 없어 고꾸라질 듯이 몹시 웃어대다.

허리를 펴다 어려운 고비를 넘기고 편하게 지낼 수 있게 되다.

허리춤에서 뱀 집어 던지듯 끔찍스럽게 여기며 다시는 보지 아니할 듯이 내팽개치는 경우를 비꼬아 이르는 말.

엉덩이

궁둥이와는 다르다?

엉덩이(히프, hip)를 볼기, 궁둥이로 부르기도 하는데 볼기란 넓적다리(대퇴부)와 뒤쪽 허리 사이를 말하고, 그 윗부분을 엉덩이, 아랫부분을 궁둥이라 부른다. 궁둥이는 바닥에 앉으면 닿는 근육이 많은 부위로 두 궁둥이 사이에 항문이 있다. 궁둥이는 살이 무척 두툼해서 넘어져도 충격을 흡수하여 골반을 덜 다치게 한다. 방둥이(방뎅이)란 엉덩이나 궁둥이의 비속어(상말)로 길짐승들의 엉덩이를 이르는 말이기도 하다.

그리고 '엉덩방아'란 미끄러지거나 넘어져, 주저앉아서 엉덩이로 바닥을 쾅 구르는 짓을, '엉덩이(궁둥이)걸음'이란 앉은 채로 바닥에 댄 궁둥이를 한 짝씩 걸음 걷듯이 옮겨놓음을, '알궁둥이'란 벌거벗은 궁둥이를 말한다. 엉덩이 하면 오리나 암탉의 엉덩이를 떠올리니 오리가 엉덩이를 되뚱(뒤뚱)거리며 걷는다 하고, 아낙네가 오리처럼 엉덩이를 씰룩씰룩, 옴직옴직한다고 한다.

예부터 여성의 엉덩이는 몸매를 뽐내는 중요한 부위다. 그래서 아리따운(요염한) 엉덩이 뒤태나 관능적인 궁둥이는 그림이나 조각

품에 자주 등장한다. 남성의 궁둥이는 여성보다 상대적으로 호리호리하지만 사람은 다른 동물에 비해 궁둥이가 아주 넓은 편이다. 오죽하면 좁은 궁둥이를 가진 침팬지를 '궁둥이가 홀쭉한 유인원'이라 부르겠는가. 어쨌거나 엉덩이 궁둥이가 크고 작은 것은 골반(볼기뼈)의 크기에 매였다.

골반은 몸통과 양다리를 이어주는 부위로 양쪽에 2개의 아주 큰 엉덩뼈(장골)와 그 사이에 5개의 척추가 봉합해서 된 엉치뼈(천골) 그리고 그 아래에 자리한 꼬리뼈(미추)로 구성된다. 이렇게 척추와 두 다리를 잇는 골반은 체중을 다리에 전달할뿐더러 걷고, 뛰며, 달리는 데 중요한 몫을 하고, 내장과 방광, 생식기관을 살포시 품어서 외부 충격을 막아 보호해준다. 그야말로 골반이 크면 클수록 엉덩이가 크다.

엉덩관절(고관절)은 골반과 다리 대퇴골을 잇는 관절로 우묵한 컵 모양(절구 모양)인 골반 관절과 둥근 공 모양(공이 모양)을 한 대퇴골머리(대퇴골두)가 맞물린 관절이다. 이는 어깨관절에 해당하며, 팔을 움직이게 하는 어깨관절 다음으로 다리를 폭넓게 움직이게 하는 관절이기도 하다.

궁둥이(엉덩이)에서 비파 소리가 난다   아주 바쁘게 싸대어 조금도 앉아 있을 겨를이 없음을 비꼬아 이르는 말.

방둥이 부러진 소 사돈 아니면 못 팔아먹는다   흠이 있는 물건을 살 아는 사람에게나 기껏 떠안길 수 있음을 비유한 말.

언 볼기에 곤장 맞기   얼어붙은 궁둥이에 곤장을 맞으니 아픈 것을 느끼지 못한다는 뜻으로, 일을 감당하기 쉬움을 빗대어 이르는 말.

엉덩이(궁둥이)가 가볍다   한자리에 머물지 못하고 바로바로 자리를 뜨다.

엉덩이(궁둥이)가 무겁다(질기다)   한번 자리를 잡고 앉으면 좀처럼 일어나지 아니함을 빗댄 말.

엉덩이가 구리다   부정이나 잘못을 저지른 기색이 보이다.

엉덩이가 근질근질하다 / 궁둥이에 좀이 쑤시다   한군데 가만히 앉아 있지 못하고 자꾸 날뛰고 싶어 하다.

엉덩이로 밤송이를 까라면 깠지   시키는 대로 할 일이지 웬 군소리냐고 우겨대는 경우를 이르는 말.

엉덩이에 뿔이 났다 / 못된 송아지 엉덩이에 뿔 난다   되지못한 것이 엇나가는 짓만 함을 비유하여 이르는 말.

탐관의 밑은 안반 같고 염관의 밑은 송곳 같다   백성의 재물을 빼앗는 탐관오리의 엉덩이는 살이 쪄서 떡을 빚을 때 쓰는 넓적한 떡판(안반) 같고, 청렴한 벼슬아치(염관)의 엉덩이는 살이 빠져 송곳 같다는 뜻으로, 탐관은 재산을 모으고 염관은 청빈하게 지냄을 뜻하는 말.

항문(똥구멍)

미주알고주알의 유래

항문(肛門, anus)은 소화관(위창자관) 가장 아래쪽에 있는 구멍인데 항문조임근(항문괄약근)이 있어서 대변을 조절한다. 항문을 속되게 똥구멍이라 하고, 실은 항문 둘레에 털이 나기도 하여 그것을 항문 주위털, 똥털이라 이른다.

항문은 대장의 마지막인 직장 끝 부위로 보통 때는 항문괄약근이 오므리고(조이고) 있다가 배변(대변을 몸 밖으로 내보냄) 때에는 푼다. 항문관이란 직장 끝에서 항문 가장자리에 걸친 3~4센티미터 되는 짧은 관으로 똥 덩어리가 머무는 곳이다. 항문관의 항문선에서 분비 하는 미끈미끈한 점액질 덕분에 대변이 매끄럽게 내려(지나)간다. 또 점막에는 혈관이 풍부한 쿠션 같은 평활근(민무늬근)이 있어서 그것의 연동운동(꿈틀운동)으로 대변이 슬슬 밀려 나가게 한다.

항문관은 두 층의 근육으로 되어 있는데 안쪽은 직장의 환상근이 두꺼워진 내항문괄약근(속조임근)이고, 바깥쪽은 깔때기 모양인 외항문괄약근(바깥조임근)이다. 다시 말하면 내항문괄약근은 의지와 상관없이 자율적으로 움직이는 자율신경의 지배를 받는 불수의

근이고, 외항문괄약근은 마음대로 조절되는 수의근이다. 우리가 대변을 참는 데까지 꾹 참을 수 있는 것은 바깥조임근을 의식적으로 (일부러) 꽉 조일 수 있기 때문이다.

항문에도 탈이 생기니 뭉뚱그려 보면 변이 새는 변실금, 직장이 항문 밖으로 빠지는 직장탈출(탈항), 항문 주위에 혹이 붙는 치핵, 항문관 일부가 찢어지는 치열, 항문농양이나 항문암 등이 있다. 이 중에서 자주 생기는 직장탈출은 직장 끝자락이 항문괄약근을 비집고 밖으로 나오는 것이다.

직장탈출을 "미자바리 빠진다."고도 하는데 미자바리는 미주알의 향어(지방 말)로 직장의 끝부분을 이른다. 말하지 않아도 좋을 아주 사소한 일까지 속속들이(미주알고주알) 말하거나 꼬치꼬치 캐묻는 것을 "미주알고주알 밑두리콧두리 캔다."고 한다.

똥구멍 찔린 소 모양 아픔을 참지 못하고 어쩔 줄 몰라 쩔쩔매는 모습.

똥구멍으로(뒷구멍으로/밑구멍으로) 호박씨 깐다 남이 보지 않는 곳에서는 엉뚱한 짓을 함을 빗대어 이르는 말.

똥구멍이 찢어지다 몹시 가난함을 빗대어 이르는 말.

밑구멍이 웃는다 하도 우스꽝스러워 똥구멍이 다 웃는다는 뜻으로, 매우 같잖고 가소로움(우스움)을 비꼬아 이르는 말.

시기는 개미 똥구멍이다 음식이 굉장히 시거나 사람 행동이 아주 눈에 거슬리다.

싱겁기는 황새 똥구멍이라 사람이 아주 멋대가리 없고 몹시 생뚱맞다.

울다가 웃으면 똥구멍에 털 난다 사람 마음이 지조 없이 왔다 갔다 하면 좋지 않다는 말.

원숭이 똥구멍같이 말갛다 가질 것이 하나도 없거나 되게 보잘것없음을 빗대어 이르는 말.

오줌(소변)

지린내는 왜 날까?

오줌(소변, 小便, urine)은 물질대사로 생긴 여러 가지 노폐물을 수용액 상태로 모은 것으로 방광(오줌보)에 저장되어 있다가 몸 밖으로 배설(배출)된다. 알다시피 3대영양소인 탄수화물·지방·단백질이 셋만 소화, 분해(물질대사)되어 에너지(칼로리)를 낸다. 탄수화물과 지방은 탄소(C)·산소(O)·수소(H)로 이루어져 있어 분해하면 이산화탄소(CO_2)와 물(H_2O)이 되지만, 단백질에는 이 세 원소 말고도 질소(N)가 들어 있어 암모니아(NH_3)나 요소(CH_4N_2O) 같은 대사산물도 생긴다.

그래서 대체로 단백질이 풍부한 음식을 많이 먹으면 요소 양이 많아져 소변(소피)이 매우 지리고, 방귀도 쿠리다. 암모니아는 독성이 강하기 때문에 간에서 오르니틴회로(ornithine cycle)를 거쳐 독성이 덜한 요소로 바꾼다. 이 요소 성분은 혈액을 따라 신장(콩팥)에 도달한 후 사구체에서 보면(Bowman)주머니로 걸러지고, 이것(원뇨)이 세뇨관을 따라 흘러 신우에 모인 다음 수뇨관을 거쳐 방광에 고이게 된다.

소변은 물이 91~96퍼센트이며, 다음으로 많은 것이 요소로 고형 물질의 거의 반을 차지한다. 오줌 속에는 요소 외에도 미량의 요산·아미노산·무기염류·크레아틴·호르몬·비타민 등이 들어 있다. 이 때문에 자신의 오줌이나 어린 손자의 오줌을 약으로 마시는 오줌요법이 서양에서도 4000년 전부터 행해져 왔다고 한다.

성인 남자는 하루에 8번 가까이 총 1~2리터의 오줌을 누며(배뇨), 전립선비대증 등으로 오줌 줄기가 약해지거나 오줌 누는 횟수가 잦아진다. 적혈구가 파괴되면서 헴(heme)에서 생긴 담즙 빌리루

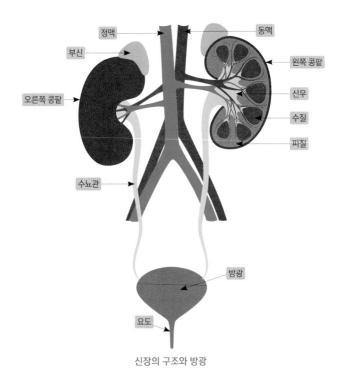

신장의 구조와 방광

빈(bilirubin)이 산화되어 누르스름한 유로빌린(urobilin)이 되는데, 이것이 소변 색을 결정한다. 정상인 경우는 맑은 황갈색으로 특유의 냄새가 나고, 조금 놓아두면 요소가 세균에 분해되면서 암모니아로 변해 지린내가 풍긴다.

오줌은 보통 약산성이지만 생선이나 고기붙이(단백질)를 많이 먹으면 산성으로, 과일·채소를 많이 섭취하면 알칼리성으로 바뀐다. 땀을 많이 흘리면 소변 양이 줄어 샛노래지고, 비타민 B 알약을 먹었을 때는 아주 노란색을 띠는데 이는 B_2인 리보플라빈(riboflavin) 때문이다. 공기 중에 오래 노출되면 오줌 속 색소들이 산화되어 빛깔이 진해진다.

오줌 성분은 건강상태의 척도(기준)가 되기에 어떤 병이 생기면 오줌에 변화가 생긴다. 한 가지 예로 이자에서 인슐린(insulin) 분비가 부족하면 혈당(피에 든 포도당)이 증가하고, 신장(콩팥)의 세뇨관에서 이것을 모두 재흡수하지 못하여 오줌 속 포도당 함량이 늘어난다. 어릴 때 누군가가 눈 오줌에 개미들이 들끓는 것을 본 적이 있는데 이는 오줌에 묻은 포도당을 먹자고 달려든 것이렷다!

소변검사 결과로 오줌에 단백질 양이 터무니없이 많으면 단백뇨, 포도당이 넘치면 당뇨, 적혈구가 있으면 혈뇨, 담즙색소가 과하면 황달이다. 또 운동경기에서 체력을 높이려고 흥분제·근육증강물질 등을 먹거나 주사를 맞는 수가 있으나 소변시료 도핑검사로 찾아낸다.

꼴에 수캐라고 다리 들고 오줌 눈다 되지못한 자가 나서서 젠 체하고 개수작(이치에 맞지 않는 엉뚱하고 쓸데없는 말이나 행동을 낮잡아 이름)을 함을 비꼬아 이르는 말.

발등에 오줌 싼다 너무 바빠 서둚을 빗대어 이르는 말.

병아리 오줌 아주 보잘것없는 분량, 또는 정신이 희미하고 고리타분(새롭지 못하고 답답함)한 사람을 빗댄 말.

불장난에 오줌 싼다 불장난을 하지 말라고 타이르는 말.

언 발에 오줌 누기 언 발을 녹이려고 오줌을 누어봤자 효력이 별로 없다는 뜻으로, 임시변통에 불과하다는 말.

오줌 누는 새에 십 리 간다 무슨 일이나 매우 빨리 지나간다.

오줌에도 데겠다 오줌처럼 미지근한 것에도 델(살이 상함) 정도로 몸이 몹시 허약함을 이르는 말.

제 발등에 오줌 누기 자기가 한 짓이 자기를 모욕하는 결과가 됨을 비유하여 이르는 말.

방귀

하루에 평균 14번을 뀐다고?

방귀(fart)는 순우리말로, 방기 또는 방구라고도 하고 속되게 가죽피리라 부르기도 한다. 방귀는 음식물이 배 속에서 발효되는 과정에서 생겨 항문으로 빠져나오는 구린내 나는 기체(가스)로 결국 입을 통해 음식물과 함께 위장으로 들어간 공기와 위장에서 발효로 생겨난 가스가 혼합된 것이다.

방귀 성분의 99퍼센트는 냄새가 나지 않는 산소·이산화탄소·수소·질소·메탄(CH_4)가스이며, 이 중에서 수소와 메탄은 불에 탈 수 있는 가연성가스이므로 실제로 방귀에 불이 붙는다고 한다. 나머지 1퍼센트는 암모니아·황화수소·스카톨·인돌 따위인데 황화수소(H_2S)는 고릿한 달걀 냄새가 나는 수용성의 무색 기체이고, 스카톨(skatole)은 필수아미노산인 트립토판의 분해로 말미암아 생긴 물질이며, 인돌(indole)은 스카톨과 함께 대변에서 나는 불쾌한 구린내의 원인이 된다. 하지만 순수한 스카톨은 꽃향기가 나기에 화장품에 넣는다고 한다.

방귀는 대장의 결장에서 장내미생물(창자에 사는 미생물)의 발효로 생긴다. 또 종종 배 속에서 꾸르륵대는 것은 대장에 모인 공기가 항문 쪽으로 쏠려 내려가면서 나는 소리이고, 음식이 위에서 유문반사로 십이지장으로 흘러들 때도 난다. 콩·유제품·마늘·양파·무·고구마·감자·빵·양배추 따위를 되게 먹으면 어김없이 방귀를 많이 뀐다. 방귀 소리는 항문괄약근(항문 조임 힘살)의 진동(떪) 때문이다.

1000미터 고공을 나는 비행기 안이나 고산 산행(트레킹, trekking)을 할 때 바깥 기압이 낮아서 사탕 봉지가 부풀어 오르고, 방귀가 시도 때도 없이 나오는 것을 체험한다. 방귀를 애타게 기다리는 경우도 있는데, 소화기관과 관련한 수술 후에 방귀를 뀌는 것은 대장(큰창자) 기능이 회복되었다는 신호이기 때문이다. 오죽 반가우면 다들 방귀 뀌었다고 손뼉을 치면서 축하하겠는가!

소화가 잘 되지 않는 음식을 먹거나, 해로운 세균이 들끓으면 장내가스가 늘어나 방귀가 잦아진다. 탄수화물 발효로 생긴 방귀는 대부분 메탄·이산화탄소이기에 흔히 '보리방귀'라 하여 소리만 컸지 냄새가 그리 나지 않지만, 고기(육류)를 많이 먹으면 소리는 작아도 냄새는 독하다. 다시 말하면 고기 단백질에 황과 질소 성분이 들었기 때문이다.

사람에 다라 다르긴 해도 건강한 성인은 보통 하루 평균 방귀 뀌는 횟수가 14회 남짓이다. 물론 변비 등으로 방귀를 뀌지 못하면 장에 가스가 차서 복통을 일으키거나 소화력이 떨어져 건강에 해롭다.

방귀를 뀌는 동부점박이스컹크

　방귀 하면 족제비과의 스컹크(skunk)를 빼놓을 수 없다. 위험하다 싶으면 엉덩이를 치켜들고 항문가에 있는 한 쌍의 항문선(액취선)에서 악취를 내뿜으니, 그 냄새가 3~4미터까지 퍼진다. 한편 소나 양, 염소 등 반추동물의 트림과 방귀에 든 메탄가스는 지구온난화의 주범으로 이산화탄소보다 더 나쁜 영향을 주는 것으로 알려졌다. 방귀는 이렇게 사람이나 반추동물 말고도 다른 포유류도 뀐다고 한다.

개 방귀 같다 있는지조차 알 수 없을 정도로 작고 시시하거나 쓸모도 없는 하찮은 것을 이르는 말.

거미줄로 방귀 동이듯 어떤 일에 실속 없이 건성으로(대충) 하는 체함을 빗대어 이르는 말.

고의에 방귀 나가듯 무엇이 사방으로 쉽게 잘 퍼져 나감을 빗대어 이르는 말. '고의'란 남자의 여름 홑바지나 속곳을 가리키는 말이다.

노루 제 방귀에 놀라듯 / 토끼가 제 방귀에 놀란다 남몰래 저지른 일이 걱정되어 스스로 겁을 먹고 대수롭지 아니한 것에도 놀람을 이르는 말.

방귀 뀐 놈이 성낸다 / 똥 싸고 성낸다 잘못을 저지른 쪽에서 오히려 남에게 성냄을 비꼰 말.

방귀 자라 똥 된다 처음에 대단하지 않게 시작하였던 것이 정도가 심해지면서 손 댈 수 없을 만큼 말썽거리가 된다.

방귀(똥)깨나 뀌다 제법 돈이나 머리에 먹물이 들어서(배움이 많아서) 젠체 거들먹거리는 마뜩찮은 사람을 비꼬는 말.

방귀가 잦으면 똥 싸기 쉽다 무슨 일이나 소리 소문이 잦으면 실제로 이뤄지기 쉬움을 이르는 말.

소리 나는 방귀가 냄새 없다 소문만 요란하고 딱히 실속이 없음을 이르는 말.

똥(대변)

건강의 척도

똥(대변, 大便, dung/feces)을 보면 그 사람의 건강이 보인다. 곧 대변은 건강의 척도(잣대)라 변이 좋으면 내장이 건강한 것이며, 내장이 튼실하면 피부까지 곱다. 그래서 얼굴에 헌데기(부스럼)가 있으면 대장을 의심해야 한다. 얼굴색은 대장의 거울이요, 리트머스(litmus)인 것!

'위·대장 반사'란 음식물이 텅 빈 위(밥통)에 들어가면 강한 연동운동이 대장에까지 연달아 일어나는 것으로, 아침 식사 후 8분쯤에 변의(대소변이 마려움)를 느끼는 것은 이 반사 때문이다. 식도를 통해 들어간 음식물은 갖가지 소화효소와 장 미생물들의 분해에 힘입어 24시간이 지나면 제 것도 마다하는 대변이 되어 나온다.

소변도 마찬가지이지만 대변색도 일반적으로 누르스름하다. 이는 수명(120일)을 다한 적혈구가 간이나 지라(비장)에서 파괴되어 생긴 빌리루빈(bilirubin)의 물색(색소) 때문이다. 똥 냄새는 모두 장내 미생물 탓인데 방귀 냄새처럼 주로 인돌·스카톨·황화수소가 주성분이다.

알고 보면 똥 덩이는 소화되지 않은 음식 찌꺼기와 죽은 소화관 벽의 세포, 세균의 더미(덩어리)이다. 음식 종류와 먹은 분량에 따라 변을 보는 횟수와 양이 다르지만, 대체로 사람은 하루에 한두 번씩 총 100~250그램을 눈다. 변은 물이 75퍼센트이고, 고형 성분은 25퍼센트인데 고형 성분의 30퍼센트는 죽은 세균, 30퍼센트는 섬유소, 10~20퍼센트는 콜레스테롤이나 지방이며, 나머지는 기타 물질이다.

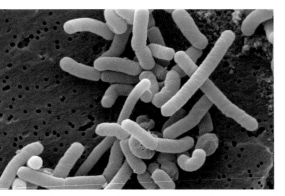

전자현미경으로 본 유산균(락토바실러스 파라카제이)

족히 500종의 미생물이 내장(주로 대장)에 서식하고, 그 중에서 비피두스균(bifidobacteria)이나 유산균은 가장 잘 알려진 유익한 세균이다. 요구르트의 유산균(젖산균)이나 몸에 이로운 미생물인 프로바이오틱스(probiotics)는 장 세균들에서 순수 분리하여 배양한 것으로, 내장에는 무려 100조 개의 장내미생물이 살고 있어 건강을 돕는다.

그런가 하면 장내 유익한 미생물의 생장을 촉진하거나 활성화시키는 식품 속의 성분을 프리바이오틱스(prebiotics)라 한다. 가장 잘 알려진 것은 식이섬유(dietary fiber)로 소장에서 소화되지 않고 대장으로 내려가 그곳에 사는 유익균인 프로바이오틱스의 먹이가 되는 물질이다. 식이섬유 외에 프럭탄(fructan), 갈락탄(galactan) 등과 같은 당도 프리바이오틱스이다.

한편 대변검사로 회충이나 요충 등의 알을 찾아서 기생충 감염 여부를 알아낸다. 또 대변이 자장면이나 초콜릿 색(적혈구가 소화된 색)이면 위나 소장 윗부분에 출혈이 있다는 증거일 수 있고, 피가 묻은 혈변(피똥)이 나오면 대장암이거나 치루(치질)의 징조일 수 있으니 출혈의 원인을 찾을 필요가 있다. 암튼 바나나 닮은 누런색의 굵고 길쭉한 대변이 가장 제대로 된 것이다.

개 눈에는 똥만 보인다 자신이 좋아하거나 관심이 있는 것만 눈에 띈다는 말.

개가 똥을 마다할까 본디 좋아하는 것을 짐짓 싫다고 거절하지는 않을 것이라는 말.

똥 누고 밑 아니 닦은 것 같다 뒤처리가 깨끗하지 않아 마음에 꺼림칙하다.

똥 누러 갈 적 마음 다르고 올 적 마음 다르다 자기 일이 아주 급할 때는 통사정하며 매달리다가 그 일을 무사히 다 마치고 나면 모른 체함을 비꼬는 말.

똥 덩이 굴리듯 아무렇게나 함부로 다룸을 비꼰 말.

똥 친 막대기 천하게 되어 아무짝에도 못 쓰게 된 물건이나 버림받은 사람을 이르는 말.

똥끝(이) 타다 / 똥줄(이) 타다 몹시 힘이 들거나 마음 졸임을 빗댄 말.

똥은 말라도 구리다 한번 한 나쁜 일은 쉽게 그 흔적을 지우기 어렵다는 말.

똥이 무서워 피하나 더러워 피하지 악하거나 같잖은 사람을 상대하지 아니하고 피하는 것은 그가 무서워서가 아니라 상대할 가치가 없기 때문이라는 말.

밥 팔아서 똥 사 먹는다 바보처럼 밑지는 짓을 하다.

선생(훈장) 똥은 개도 안 먹는다 선생 노릇 하기가 무척 어렵고 힘듦을 빗대어 이르는 말.

아끼다 똥 된다 물건을 아끼기만 하다가는 잃어버리거나 못 쓰게 된다는 말.

염소 물똥 누는 것 보았나 있을 수 없는 일을 빗대어 하는 말.

적게 먹고 가는 똥 싸라 너무 욕심을 부리다가는 봉변을 당하기 쉽다는 말.

제 똥 구린 줄 모른다 자기의 허물을 깨닫지 못함을 빗대어 이르는 말.

땀

생존에 유리한 이유가 땀샘에 있었다?

땀(한, 汗, sweat)을 분비하는 중추는 뇌의 시상하부다. 날이 덥거나 운동 따위로 체온이 올라가게 되면 발한(땀이 남)이 시작된다. 한선(땀샘)에서 비적비적 비어져 나온 땀(물)이 기화(증발)하면서 체열을 빼앗아 가기에 금세 체온이 정상(36.5℃)으로 내린다.

몸이 데워져 땀이 솟는 것을 '온열 발한', 정신적으로 긴장하여 땀이 나는 것을 '정신성 발한'이라 한다. 몸이 쇠약하여 덥지 않아도 병적으로 흘리거나 몹시 놀랐을 때 흘리는 '식은땀(냉한)', 대단히 긴장할 때 흐르는 '마른 땀(진땀)', 뭔가를 이루기 위해 이를 악물고 애쓰는 '피땀(한혈)', 겨드랑이에서 흐르는 '곁땀', 일부러 빼는 '비지땀' 등등 땀도 가지가지다.

땀은 99퍼센트가 물이며, 땀에는 짭조름한 소금기, 시큼한 젖산, 지린 질소대사산물인 요소 따위의 노폐물, 나트륨(Na)·칼륨(K)·칼슘(Ca)·마그네슘(Mg) 같은 무기물(전해질)이 녹아 있다. 그리고 소량의 지방산·젖산·구연산·요소·요산도 들었다.

땀샘은 낙타·소·곰은 있으나 개·고양이·돼지 따위의 포유류는 거의 없어 덥거나 흥분하면 혀를 내밀며 헐떡거림(호흡)으로 체온을 조절한다. 사람은 온몸에 200만~400만 개의 땀샘이 닥지닥지(빽빽이) 있는데, 땀샘은 일종의 배설기관으로 혈액으로부터 걸러진 노폐물과 물이 땀샘으로 보내져 땀이 생성되면 이 땀이 꾸불꾸불한 긴 땀샘관을 타고 땀구멍으로 나간다.

땀샘에는 에크린샘(eccrine gland)과 아포크린샘(apocrine gland)이 있다. 에크린샘은 전신에 있으며 손발바닥과 머리에 유별나게 많다(250개/cm^2). 여기서 나는 땀은 살갗에 늘 살고 있는 유익한 토박이 세균인 상재균을 보호하는데(세균들이 땀을 먹고 번식함), 말갛고 냄새가 없다.

그런가 하면 아포크린샘의 땀은 탁한 기름기가 들어 있어 끈적거리고, 주로 겨드랑이·젖꼭지·배꼽·외음부·항문 주변에 분포하는데 가장 많이 나는 곳은 겨드랑이다. 이것도 냄새가 없지만, 세균이 땀 속의 유기물을 분해하는 과정에서 사람에 따라 겨드랑이에서 고약한 암내(액취증)가 나기도 한다. 겨드랑이 부위에 땀이 과다하게 나거나 또는 이상 분비가 있을 때 다른 사람에게 불쾌감을 줄 수 있고, 사회생활에도 지장을 받을 수 있기에 이런 경우 수술을 한다. 백인이나 흑인에게 많으며, 동양인에게는 적다고 한다.

땀 냄새는 넌지시 페로몬(pheromone) 역할을 해서 이성 간에 서로를 끌리게 하고, 눈을 가린 산모가 냄새(페로몬)만 맡고도 자기 아이를 골라낸다. 한편 땀샘관이 막히면 땀이 흘러나가지 못하고 쌓여 염증이 생기는데 이것이 땀띠다.

사람은 몸에 털이 없어진 대신 다른 여느 동물과 비교할 수 없을 만큼 많은 땀샘이 발달하여 엄청난 냉각 효과를 기대할 수 있기에 오래오래, 또 끈질기게 사냥감을 쫓을 수 있어 생존에 유리했다고 한다. 그러니 지구상에서 오래달리기인 마라톤을 하는 동물은 사람뿐 아닌가. 제아무리 순발력 좋은 치타도 땀샘이 없어서 먹잇감을 잡으러 달리느라 몸이 된통 열을 받으면(갑자기 뜨거워지면) 헐떡거리며 슬며시 달림을 멈춘다.

땀도 한창때 술술 난다. 영어로 'no sweat, no sweet'란 말이 있으니 '땀 없으면 달콤함도 없다(노력하지 않으면 즐거움도 없다)'는 말이렷다. 모름지기 오늘 걷지 않으면 내일은 뛰어야 하는 법. 젊어 흘리지 않은 기름땀은 늙어서 피눈물이 된다!

이런 **말** 들어봤니?

개 발에 땀나다　땀이 잘 나지 않는 개 발에 땀이 날 만큼, 해내기 어려운 일을 이루기 위하여 부지런히 움직임을 빗댄 말.

기름땀을 흘리다　힘겨움을 무릅쓰고 갖은 애를 쓰다.

돈 한 푼을 쥐면 손에서 땀이 난다　수전노(자린고비)처럼 돈밖에 모름을 이르는 말.

땀으로 미역(멱)을 감다　땀을 매우 많이 흘리다.

땀을 빼다　몹시 힘들거나 어려운 고비를 넘기느라 혼쭐나다.

목석도 땀 날 때 있다　건강한 사람이라도 아플 때가 있다.

물 묻은 치마에 땀 묻는 걸 꺼리랴　이왕 크게 잘못된 처지에서 소소하게 잘못된 것을 꺼릴 필요가 없음을 비꼰 말.

손에 땀을 쥐다　아슬아슬하여 마음이 조마조마하도록 몹시 애달다(마음이 쓰여 속이 달아오르는 듯하다).

염병에 땀을 못 낼 놈　땀도 못 내고 죽을 놈이라는 뜻으로, 남을 심하게 욕하는 말.

찬물 먹고 냉돌방에서 땀 낸다　도무지 이치에 닿지 않음을 뜻하는 말.

사타구니

아랫배와 접한 양쪽 넓적다리 주변부

사타구니(서혜부, 鼠蹊部, groin)란 '샅'을 낮잡아 부르는 말로 두 다리 사이를 이르며, '고샅', '고간', '샅고랑'으로도 쓴다. '샅'을 반복한 '샅샅이(틈이 있는 곳마다 모두)'나 시골마을의 좁은 골목길을 이르는 '고샅길'에도 비슷한 뜻이 들었다 하겠다. 아무튼 남녀 생식기 언저리에 있는, 거웃(음모)이 난 불룩한 불두덩(음부)과 허벅다리(허벅지) 사이의 틈새가 사타구니다. 끝이 갈라져 두 갈래로 벌어진 사이(틈)를 가랑이라 하는데, 바지 따위에서 다리가 들어가도록 된 것이다.

사타구니에는 면역을 맡은 임파선(림프샘)이 여남은(열이 조금 넘는 수) 개가 있다. 다리나 외음부(바깥생식기), 넓적다리에 서는(생기는) 가래톳은 이 림프샘이 새알처럼 둥글게 엉겨 부어오른 멍울(종창)로 심한 운동을 했거나 상처를 입었을 때 생긴다.

노인이나 노약자들에 서혜 탈장(내장 탈출)이 많이 생기니, 사타구니 근방의 약한 복벽(복강 앞쪽의 벽)을 창자가 밀고 나오는 것이다. 다시 말해서 정상적인 경우에 복강 안의 장기(내장)는 복막(내장기관을 싸고 있는 얇은 막) 안에 머물고 있으나, 복벽의 일부가 약해지면 소장 따위의 장기가 그곳을 비집고(밀고) 몸 밖으로 빠져 나온다.

서혜부(사타구니) 이야기가 나오면 뒤따라서 회음부 이야기가 저절로 나온다. 회음부는 남성은 음낭에서 항문 사이, 여성은 외음부에서 항문 사이를 이르는데 남성은 길이 5~6센티미터, 여성은 2~3센티미터 정도이다. 한마디로 서혜부는 남성에서는 음낭의 좌우에, 회음부는 음낭(불알주머니)의 아래에 자리한다.

음낭 속에는 고환(불알)이 들었고, 고환은 체온보다 보통 섭씨 2~3도 낮아야 정자가 형성되기에 늘 땀에 축축하게 젖어 있다(수분의 기화열로 체온을 낮춤). 또 음낭은 온도계처럼 더우면 축 처지고(늘어지고), 추우면 딱 달라붙어 고환의 온도를 조절한다. 간혹 고환이 음낭으로 내려오지 못한 상태로(음낭에 불알이 없음) 태어난 사람은 정소가 체온과 같기에 정자가 만들어지지 못해 속절없이 불임(임신하지 못함)이 된다.

사타구니는 피부가 겹쳐 접히는 부위라서 습기와 땀이 차게 되어 곰팡이가 쉽게 자라는(증식하는) 곳이다. 사타구니나 허벅지 안쪽, 항문 부위가 심하게 가렵거나 화끈거리는 샅백선증(사타구니 백선증)은 손발 무좀이나 손발톱 무좀 곰팡이가 퍼져 생기는 경우가 많고, 여름에 흔히 발생한다. 대부분 성인 남자에게서 발생하는데, 사람에 따라 심하게 역겨운 냄새가 나는 수가 있다. 따라서 바람이 잘 통하게끔 꽉 조이는 옷을 피하고, 피부에 바르는 아기용 가루약(베이비파우더)을 발라 습기가 없도록 바짝 마르게 하는 것이 좋다.

가랑이가 찢어지다 몹시 가난한 살림살이를 이르는 말.

똬리로 샅 가린다 가린다고 가렸으나 가장 요긴한 데를 가리지 못했음을 이르는 말.

미친년의 속곳 가랑이 빠지듯 옷매무시가 단정하지 못하다.

뱁새(촉새)가 황새를 따라가다 가랑이 찢어진다 힘에 겨운 일을 억지로 하면 도리어 해만 입음을 빗댄 말.

사타구니를 긁다 알랑거리며 남에게 아첨하다.

사타구니에 방울 소리가 나도록 아주 급하게 달음박질하는 모습을 빗대어 이르는 말.

손으로 샅 막듯/손샅으로 밑 가리기 애써 숨기려 하나 좀체 제대로 숨기지 못함을 이르는 말. '손샅'이란 손가락과 손가락 사이를 가리키는 말이다.

진날 개 사타구니 땅이 질척거릴 정도로 비나 눈이 오는 진날에 진흙탕에 나뒹굴어 흙 범벅이 된 개 사타구니처럼 몹시 더러운 모양을 비꼰 말.

한 가랑이에 두 다리 넣는다 정신없이 매우 서두르는 모양을 이르는 말.

고환

환경호르몬이 문제다?

불알(고환, 睾丸, testis)은 남성생식기의 한 부분으로 정소(정집)라 부른다. 사타구니(샅) 아래 불알주머니(음낭) 속에 달랑 하나씩 들었는데 이것은 정충(정자)을 만들고, 남성호르몬인 테스토스테론(testosterone)을 합성, 분비한다. 그런데 우리나라에서는 이미 생산을 멈춘 동그란 백열전구를 북한에서는 망측스럽게도 불알(불을 켜는 알)이라 부른다지.

'불알친구'란 남자 사이에서, 어릴 적부터 같이 놀면서 지낸 친한 벗(죽마고우, 竹馬故友)을 이르는 말이다. 또 땅속에 둥근 덩이뿌리가 있고, 줄기는 가는 덩굴이며, 키는 3미터 내외로 엉키면서 자라는 초롱꽃과의 덩굴성 여러해살이풀로 '소경불알'이라는 식물이 있다.

불알은 태아 때 신장(콩팥) 높이쯤에서 생겨 쑥쑥 자라면서 점점 내려와 마침내 임신 7~9개월께 음낭 안으로 든다. 단, 난소(알집)는 이동하는 일 없이 애초 생긴 그 자리에 머문다. 그런데 이렇게 주춤주춤 내려오다가 끝내 중간에 멈춘 채 옴짝달싹 않는 경우를 잠복고환 또는 정류고환이라 한다. 따라서 그런 아이는 음낭에 고환이 없어 불알이 만져지지 않고, 딸랑 빈껍데기만 있다. 잠복고환은 정상 신생아의 2~3퍼센트를 차지하며, 조산이거나 저체중에 많고 쌍둥이에서는 20~30퍼센트나 된다고 한다.

음낭은 주머니처럼 생긴 것이 음경 아래에 매달려 있고, 표면에 가늘고 얇은 주름이 많이 퍼져 있는데 사춘기가 되면서 웅성(남성)호르몬의 영향으로 음낭 피부에 멜라닌색소가 침착하면서 거무스름해진다. 또 피하조직에는 지방이 없다. 대부분의 육상 포유동물은 음낭과 고환을 몸 밖에 내두므로 내장의 압박을 받지 않는다. 그런데 예외가 있으니 코끼리나 캥거루, 물에 사는 고래, 물개 등은 밖으로 불거져 나온 음낭이 숫제 없고, 몸 안에 고환이 들었다.

신통하게도 사람의 음낭은 눈이나 귀, 팔다리처럼 어김없이 비대칭이라 서로 맞부딪혀 다치는 것을 피한다. 그리고 보통 오른손잡이는 왼쪽 고환이, 왼손잡이는 오른쪽 고환이 아래로 처진다.

사람 고환은 타원형으로 4×3×2.5센티미터 크기이고, 부피는 15~25밀리리터이다. 또 호르몬을 만드는 내분비기관이면서 정자를 생성하여 요도로 배출하는 외분비기관이기도 하다. 침팬지 고환은 자기 체중의 0.3퍼센트, 고릴라는 0.03퍼센트인 것에 비해 사람은 0.08퍼센트로 아주 작은 축에 든다. 요새 와서 동서양을 막론하고 선진국 젊은이들의 고환 크기와 무게가 점점 줄어가는 흐름(추세)이라 한다. 이는 곧 정자의 수가 줄어든다는 뜻으로 그것은 어림짐작컨대 환경호르몬 같은 내분비교란물질 때문으로 여겨진다.

마파람에 돼지 불알 놀 듯 아무런 구속도 받지 않는 사람이 쓸데없이 흔들흔들하는 모습을 빗대어 이르는 말.

벼룩 불알만 하다 매우 작은 것을 이르는 말.

불알 두 쪽만 대그락대그락한다 / 불알 두 쪽밖에는 없다 가진 것이 아무것도 없는 빈털터리임을 빗대어 이르는 말.

불알 밑이 근질근질하다 좀이 쑤셔 가만히 앉아 있지 못함을 이르는 말.

불알을 긁어주다 남의 비위를 살살 맞추어가며 알랑거리다.

쇠불알 떨어지면 구워 먹기 노력도 없이 요행만 바라는 헛된 짓을 일컫는 말.

싱겁기는 늑대 불알이다 사람이 아주 멋없고 몹시 싱거움(어울리지 않고 다소 엉뚱함)을 빗댄 말.

오뉴월 쇠불알 늘어지듯 무엇이 축 늘어져 있거나 매우 굼뜨게 행동하는 사람을 이르는 말.

장가들러 가는 놈이 불알 떼어놓고 간다 가장 중요하고 긴요한 것을 잊어버리는 경우를 빗대어 이르는 말.

음경

남성의 바깥생식기

　남성의 자지(음경, 陰莖, penis)는 어린아이 때의 '고추'에서 시작하여 좀 자라면 그 이름이 '자지(잠지)'로 바뀌고, 어른이 되어서는 비속하게(쌍스럽게) '좆'이라 불린다. 음경은 그것·거시기·물건·가운 뎃다리·다리밑자루(밑구멍)·밑천 따위로 넌지시 불리고, 언뜻 보아 좋지 못한 일이나 지지리 못난 것에 비기는 수가 있다. 그리고 "좆 같다", "개좆같다"란 일이 잘 안 풀리거나 사물이 몹시 마음에 안 들어 보기 싫음을, "좆만 하다"란 못생긴 것이 보잘것없을 때를 빗대어 하는 욕지거리이다. 또 감기를 속되게 '개좆부리'라 한다지.

　음경은 한마디로 오줌 배출과 정액 사출을 함께 하는, 요도(오줌 길)를 감싸는 작은 곤봉 모양의 남성생식기이다. 이는 소변과 정액 이 오줌줄기를 따라 한길(같은 길)로 나간다는 뜻이다. 그렇다면 여성도 소변과 난자가 같은 오줌길로 나가는가? 그렇지 않다. 난자는 출산 때 아기가 나오는 곳인 질을 통해 나가고, 소변은 따로 요도로 나가니 바깥생식기만 보면 여성 쪽이 훨씬 진화하였다. 보통 복잡하게 변하는 것을 진화라 부르니 말이다.

음경 끝자락을 거북 머리라는 뜻의 귀두라 하는데, 둥글 밋밋한 것이 마치 땅을 꿰뚫고 올라오기 쉽도록 생긴 송이버섯을 쏙 빼닮았다. 대체로 어릴 때는 귀두가 포피(피부주름)에 둘러싸여 있으나 성인이 되면서 드러난다. 성인이 되어도 포피에 싸여 있으면 그것을 포경이라 하고, 암만해도 귀두가 겉으로 드러나지 않으면 포경수술을 한다. 일부 종교에는 태어나자마자, 또는 사춘기 무렵이나 결혼 직전에 포경수술을 하는 풍습이 있으니 이를 할례라 한다.

보통 때 성인의 음경 길이는 5.5~13센티미터로 발기하면 부풀고, 길이도 늘어나 12~15센티미터에 이른다. 음경의 동맥이 열리고 정맥이 닫히면서 해면체(피를 넘치게 채울 수 있는 성긴 사이공간이 촘촘히 있는 음경 구조)에 혈액이 그득 쌓여 음경이 부풀면서 꼿꼿해지는 것을 발기라 한다. 음경에 피가 엔간히 차면 뼈처럼 단단해는데 이를 수성 골격(물 뼈)이라 한다.

조금 더 보태면 음경이 곧추서는 것은 음경으로 들어오는 동맥이 넓게 활짝 열리고, 나가는 정맥이 좁게 닫혀서 그 결과 피가 음경 해면조직의 새새(사이사이)를 가득 채우기 때문이다. 새벽녘에 방광에 소변이 가득 차거나 직장(곧창자)에 대변이 잔뜩 쌓이면, 대소변이 음경 정맥을 짓눌러 피의 유출을 막으면서 음경 발기가 일어나는 것도 같은 원리다. 발기부전(음경이 도무지 발기되지 아니하는 병적 상태)이 생기는 것은 음경에 드는 피와 나는 피의 양이 같기 때문에 음경해면조직에 피가 고이지(모이지) 못하는 탓이다.

꼬부랑자지 제 발등에 오줌 눈다 어리석은 사람은 자기에게 해로운 일만 골라 한다는 뜻으로, 자기가 받는 벌이나 화는 결국 자기에게 원인이 있음을 빗대어 이르는 말.

어린아이 자지가 크면 얼마나 클까 아무리 크고 많다 한들 별로 다를 게 없음을 비유한 말.

억새에 자지 베었다 대수롭지(중요하게 여길 만함) 않게 생각하였던 것에 뜻밖에 다치거나 손해를 보다.

죽은 좆 만지기 / 죽은 자식 자지 만져보기 어차피 잘못된 일을 되생각해 봐야 아무 소용이 없다.

고자

남성의 특징이 사라진 남자

　고자(鼓子, eunuch)란 거세(생식기능을 잃게 함)된 남자를 이르는데 우리나라에서는 엄인 또는 화자라고도 하였다. 이들은 임금을 가까이에서 보살피거나 궁중 숙직 따위를 맡아보던 벼슬아치로 환관·내관·내시라 하여 '불알이 없는 사내'였다. 환관은 선천적으로 문제가 있거나, 개에 불알을 물리는 등 뜻밖의 사고로 고환을 잃었거나, 일부러 거세하는 경우도 있었다 한다. 권력을 가진 환관을 만들기 위해 일부러 어린아이의 음경과 음낭을 가는 실로 묶어 피가 통하지 않게 한 다음 음낭을 떼어버리기도 했다고 한다.

　고자는 두말할 나위 없이 고환이 없기에 남자 구실을 할 수 없고, 정자 생산이 안 될뿐더러 발기불능이어서 아이를 낳을 수 없다. 그러기에 옛날에는 왕비·후궁·궁녀들과 가까이에 있을 수 있었다. 이렇게 고환 발육이 나쁘거나 고환을 잃으면 숫기를 잃어 성질이 순해지고, 성욕이 없어지는 여성화 현상이 일어난다. 참고로 생후 3일 된 어린 수돼지 불알을 까버리면(거세하면) 수컷호르몬이 생기지 않아 살코기에서 수컷 냄새(누린내/지린내)가 덜 난다.

그렇다면 고환(정소)에서 만들어지는 웅성호르몬인 테스토스테론(testosterone)은 무슨 요물단지란 말인가? 이 물질은 음경·음낭과 전립선 같은 남성생식기의 발생을 거들고 정소에서 정자 형성을 돕는다. 또 근육·뼈·성대·수염·겨드랑털(액모)·음모·체모 생성 등의 남성 이차성징을 나타나게 한다. 아울러 어깨가 넓어지고, 가슴통(흉곽)이 커지며, 갑상선 연골인 목젖(Adam's apple)이 튀어나오고, 음성이 굵어지며, 공격적인 성격으로 변하게도 한다. 한마디로 남자를 남성답게 만드는 물질이다.

궁중 사극에서도 내시는 멀대(키가 크고 멍청한 사람을 놀림조로 이르는 말) 같고, 쪼그라든 어깨와 구부정한 허리, 수염 없는 얼굴에 가늘고 날카롭게 째려보는 눈초리, 앙다문 입술에 남성도 아니고 여성도 아닌 중성적 콧소리, 당당하지 못하고 비굴한 행동거지로 묘사된다. 맞다. 환관은 거세로 남성의 특징이 사라지면서 여성적인 동작이나 음성이 뚜렷해진다.

한때 성악의 나라 이탈리아에는 카스트라토(castrato)라는 남성거세가수가 있었다. 여성

카스트라토로 유명했던 18세기 파리넬리의 초상

음역을 노래하는 남성 가수를 만들기 위하여 변성기가 되기 전에 서둘러 거세하였는데, 그렇게 하면 후두의 성장이 멈추면서 어른이 된 뒤에도 소프라노나 알토의 소리를 낸다.

평소에 남자는 여성호르몬이 소량 만들어지고, 여성도 부신과 난소에서 적은 양의 남성호르몬이 생성된다. 생물학적으로 늙으면 남성에서 웅성(수컷)호르몬이 잦아들고, 여성에서 자성(암컷)호르몬이 줄어든다. 결국 남성엔 여성호르몬이, 여성엔 남성호르몬이 한결 늘게 되어 남성화, 여성화가 일어난다.

이 때문에 할아버지들은 유방이 부풀고, 목청은 가늘게 낮아지며, 얼굴도 어린아이답게 되고, 성질도 무척 얌전해지면서 숫제 숫기를 잃게 된다. 반대로 할머니들은 코밑에 수염이 거무스름하게 돋고, 목청이 걸걸해지며, 성질도 우락부락 거칠어지면서 넉살이 는다. 그나저나 성질이나 행동이 바뀌는 것이 다 이상야릇한 호르몬 장난이었다니, 어안이 벙벙할(어리둥절할) 따름이다.

고자 처갓집 드나들 듯 자주 오고 가면서도 아무런 실속(알짜 이익)이 없음을 이르는 말.

고자 힘줄 같은 소리 억지로 빳빳이 힘을 들여 울대를 짓누르듯 내는 소리를 이르는 말.

공궐(空闕) 지킨 내관 상 휑하니 빈 궁궐을 한갓지게(한가하고 조용하게) 진종일(온종일) 지킨 내시 꼬락서니라는 뜻으로, 슬프고도 근심어린 표정을 빗대어 이르는 말.

내관의 새끼냐 꼬집기도 잘한다 터놓고 말하지 않고 내숭스레(겉으로는 순해 보이나 속으로는 엉큼한 데가 있게) 헐뜯는 사람을 이르는 말.

내시 이 앓는 소리 내시는 거세를 한 탓에, 가늘어진 목청으로 끙끙 이앓이(치통)를 한다는 뜻으로, 맥없이 지루하게 흥얼거림을 비꼬아 하는 말.

다리

침팬지나 오랑우탄보다 강력하다?

다리(각, 脚, leg)란 사람이나 네다리동물의 몸통 아래에 붙어 있는 신체 일부로 서고, 걷고, 뛰고, 차고, 달리는 일 따위를 맡아 한다. 오징어발도 다리고, 안경다리나 책상 다리, 다리를 떠받치는 기둥 교각도 다리다.

나름대로 동물마다 가지가지의 다리가 있다. 원생동물인 아메바 (amoeba)는 위족 또는 허족(헛발)이라는 다리로 마음대로 단세포를 바꾸어 먹이를 둘러싸 잡아먹는다. 또 연체동물은 근육성의 돌기가 발 몫을 하니 조개는 편평한 도끼 발로 모래 속을 파고들고, 고동 무리는 발(다리)을 편평하게 펴 기어가 달라붙으며, 다리가 8개인 문어·낙지와 10개인 오징어도 다리(팔이라고도 부름)로 움직인다.

사람에서는 앞다리를 팔, 뒷다리를 다리로 서로 다르게 부르지만 다른 네다리동물은 앞뒤 다리의 구조가 썩 비슷하다. 사람 팔은 다리보다 작고 짧지만 운동 범위는 훨씬 넓고, 움직임이 재빠르다. 사람 다리는 몸무게를 지탱하고, 두 다리만으로 직립보행 하므로 다리가 아주 굵고 힘세다. 그래서 사람 다리는 몸통(동체)의 171

퍼센트나 되지만, 같은 영장류인 오랑우탄은 111퍼센트, 침팬지는 128퍼센트이다. 이는 다른 영장류들은 상대적으로 다리보다 팔이 길고, 발달하였다는 말이다.

곧은 정상 다리와 달리, 오다리(O각)와 엑스다리(X각)가 있다. 꼿꼿이 섰을 때 대퇴골(넓적다리뼈)과 경골(정강이뼈) 축이 바깥쪽과 이루는 각이 보통은 174도인데 이보다 크면 O다리, 작으면 X다리라 한다. O다리는 무릎이 휘어져서 사이가 벌어지는 다리다. 두 발끝을 안쪽으로 우긋하게(우묵하게 휘어짐) 두고 어기적어기적 걷는 다리를 '안짱다리'라 하며, 그런 걸음을 '안짱걸음'이라 한다. 반대로 두 발끝을 바깥쪽으로 벌려 거드름을 피우듯 느리게 걷는 다리를 '밭장다리'라 하고, 그런 걸음을 '팔자걸음'이라 한다.

걸음에는 게걸음(옆으로 걷는 걸음), 가재걸음(뒷걸음질하는 걸음), 오리걸음(뒤뚱거리며 걷는 걸음), 거위걸음(어기적어기적 걷는 걸음), 노루걸음(겅중겅중 걷는 걸음), 황소걸음(느릿느릿 걷는 걸음), 갈지자걸음(몸이 좌우로 쓰러질 듯 비틀대며 걷는 걸음), 궁둥이걸음(앉은 채로 바닥에 댄 궁둥이로 움직이는 걸음), 동동(종종)걸음(발을 자주 떼는 걸음), 색시걸음(얌전하고 조심스럽게 걷는 걸음), 잦은걸음/만보걸음(노인들의 걸음으로 보폭이 매우 짧고 빠른 걸음) 등이 있다.

한편 다리의 정맥피는 중력을 거슬러 흘러야 하기에 힘이 많이 든다. 물론 정맥판막이 피의 역류를 막아주지만 너무 오래 서 있으면 다리의 정맥순환이 제대로 되지 않아 다리가 붓고, 저리며, 쥐까

경기 도중 종아리근육에 쥐가 나서 고통스러워하는 선수의 모습

지 난다. 게다가 다리정맥이 늘어나서 피부 밖으로 울퉁불퉁 튀어
나와 똑 지렁이처럼 보이는 하지정맥류가 생긴다. 그리고 다리에는
심한 아픔(격통)이 따르는 경련(갑자기 수축하거나 떨게 되는 현상)이 일
어나기도 하는데 이를 쥐라 하며, 종아리근육에 잦다. 야옹야옹 큰
소리를 내도 도망치지 않는 쥐?!

네 활개 치다 크게 팔다리를 휘저으며 의기양양(뜻한 바를 이루어 매우 만족한 마음)하게 헤매고 다니다.

다리 부러진 장수 성안(집안)에서 호령한다 남 앞에서는 제대로 기도 못 펴면서 남이 없는 곳에서 잘난 체하고 호기부림(꺼드럭거림)을 비꼬는 말.

다리 뻗고 자다 마음 놓고 편히 자다.

다리가 길다 음식 먹는 자리에 우연히 가게 되어 먹을 복이 있음을 빗대어 이르는 말.

다리가 짧다 북한어로, 남들이 다 먹은 뒤에 와서 먹을 복이 없음을 빗대어 이르는 말.

다리가 효자보다 낫다 늙어도 다리가 성하면 여기저기 돌아다니며 구경도 할 수 있고, 맛있는 음식도 먹을 수 있다는 말.

다리를 들리다 미리 손쓸 기회를 빼앗기다.

다리야(걸음아) 날 살려라 있는 힘을 다하여 매우 서둘러 도망침을 빗댄 말.

오금이 얼어붙다 팔다리가 잘 움직이지 아니하다.

왕지네 마당에 씨암탉걸음 왕지네가 가득한 마당에서 지네를 많이 먹고, 살이 뚱뚱하게 찐 씨암탉이 어기적어기적 걷는 모양새를 이르는 말.

첫걸음마를 타다 어린아이가 처음으로 걸음걸이를 익히거나, 어떤 일이나 사업에서 이제 겨우 적응(환경에 맞추어 응함)하기 시작하다.

무릎

구부리고, 펴고, 돌리고

무릎(슬, 膝, knee)은 넙다리와 정강이의 사이에 앞쪽으로 둥글게 튀어나온 부위로 굴신(굽혔다 폈다 함)하는 관절을 말한다. '무르팍'은 무릎을 속되게 이르는 말이며, '무릎걸음'이란 다리를 굽혀 무릎을 꿇고 걷는 걸음을 말한다. 슬하(膝下)란 말은 '무릎의 아래'란 뜻으로 어버이나 조부모의 보살핌을 받는 테두리 안을 이르고, '그늘'이나 '품'과 같은 의미로 사용한다. 그리고 자식이 몇이냐의 높임말로 "슬하에 자녀가 몇이나 됩니까."로 쓴다.

'도가니탕'이란 것이 있는데 이는 도가니(소의 무릎 연골)와 사태(소의 오금에 붙은 살덩이), 스지(소의 힘줄)를 넣어 곤(푹 삶은) 것이다. 비름과의 여러해살이식물인 '쇠무릎'은 줄기마디가 두드러져서 소의 무릎 같아 보인다 하여 붙은 이름으로, 우슬(牛膝)이라 한다.

무릎 앞부분엔 슬개골(膝蓋骨)이 있고, 무릎의 옴폭 들어간 뒷부분을 슬와부(오금)라 한다. "오금아 날 살려라."의 그 오금 말이다. 슬개골은 삼각형 모양으로 그 두께는 약 23밀리미터이고, 관절 앞쪽을 보호한다. 쉽게 말해 슬개골은 무릎 앞 한가운데에 있는 작은 종지

(간장 따위를 담아서 상에 놓는 작은 그릇) 모양의 둥글납작한 뼈로 '종지뼈'라 부르고, 무릎의 굴신에 따라 움직인다. 과유불급(지나침은 미치지 못함과 같음)이라고, 우리 몸 또한 움직이지 않아도 탈이요 넘치게 활동해도 까탈을 부린다. 무릎 또한 다르지 않아 움직이지 않으면 퇴화, 퇴행하고 과하게 쓰면 망가진다.

무릎관절은 허벅지의 넙다리뼈(대퇴골)와 정강뼈(경골)를 잇고 있으며, 그 주변은 무릎관절주머니(관절낭)가 싸고 있는 윤활관절이다. 관절 중에서 가장 큰 무릎관절은 안이나 둘레에는 여러 가지 인대와 근육, 힘줄이 얽히고설켜 있어서 제일 복잡하기도 하다. 관절에 들어 있는 무릎 연골은 얇고 탄력 있는 조직으로 뼈를 보호하고,

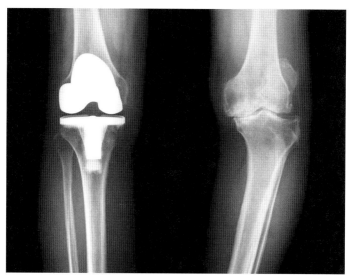

인공관절(왼쪽)을 삽입한 무릎 엑스선 사진

뼈들이 서로 쉽게 미끄러지게 하여 무릎을 잘 움직이게 한다. 그런데 나이를 먹을수록 무릎관절이 마모(닳아 없어짐)되어 자기회복능력을 잃게 되면 속절없이 퇴행성관절염이 찾아온다.

그런데 요새는 자동차 부속품 갈아 넣듯 사람 몸에도 부속품을 마구 심는다. 무릎관절이 닳아서 제 기능을 잃으면 닳은 관절을 다듬고 인공관절을 삽입하는 수술을 하니 무릎 통증이 사라지고, 움직임이 자유로워진단다. 새삼 내 무릎이 고맙기 그지없네!

남이 장에 간다고 하니 무릎에 망건 쓴다 줏대 없이 남이 한다고 하니 덩달아 따라 함을 빗대어 이르는 말.

두 무릎을 꿇다 항복하다.

무릎을 꿇리다 굴복하게 하다.

무릎을 마주하다(같이하다/맞대다) 서로 가까이 마주 앉아 이야기하다.

무릎을 치다 갑자기 어떤 놀라운 일을 알게 되었거나 몹시 기쁠 때 무릎을 탁 치다.

자식도 슬하의 자식 곁에 있을 때 자식이지 출가하거나 멀리 떠나 있으면 남과 다르지 않다는 뜻.

발

'치명적 약점' 아킬레스힘줄이 있는 곳

발(족, 足, foot)은 서 있거나 걸을 때 몸을 지탱해주고 바닥에 닿는 편평한 판처럼 생긴, 다리 맨 아래 부분의 신체기관이다. 발은 발등(발잔등)과 발바닥, 발바닥 앞쪽의 발볼과 뒤쪽의 발꿈치, 발가락 등으로 이루어졌다. 또 뒷발, 중간 발, 앞발로 나뉘며, 한쪽 발은 26개의 뼈로 구성되었다.

뒷발은 2개의 목말뼈와 큰 발꿈치뼈로 구성되고, 서 있을 때 체중을 지탱하여 몸의 균형을 잡아준다. 중간 발은 3개의 쐐기뼈와 입방뼈, 발배뼈 등 5개의 덩어리 뼈로 구성되고, 앞발은 5개의 길고 가는 발허리뼈와 14개의 작은 발가락뼈들로 총 19개로 구성되었다. 엄지발가락이 제일 큰 것은 발가락 중에서 가장 많은 힘을 받기 때문이다.

발에는 19개의 근육과 13개의 힘줄(건), 107개의 인대가 있다. 미리 말하지만 힘줄은 힘살을 뼈에 달라붙게 하고, 인대는 뼈와 뼈를 이어 묶는다. 힘줄은 결합조직이 많아서 매우 세며, 유연하지만 탄력성이 없는 섬유성 조직이다. 근육(힘살)은 직접 뼈에 붙기도 하지만 대부분 힘줄을 통해서 붙는다. 한마디로 힘줄을 건이라 하고, 건은 근육을 뼈에 달라붙게 한다.

인대는 발의 관절과 관절을 결합시키는 강력한 띠 모양의 조직으로 외부 충격으로부터 발 모양과 활동(기능)을 버티게 한다. 다시 말해서 인대란 뼈와 뼈 사이를 연결하는 강한 섬유성결합조직인데 인대도 늘어나거나 끊어지는 수가 있다.

복사뼈(복숭아뼈)란 발목 부근에 안팎으로 둥글게 툭 튀어나온 뼈로 안쪽 것을 안복사뼈, 바깥쪽 것을 밖복사뼈라 한다. 안복사뼈는 종아리 안쪽 뼈(경골: 정강이뼈)의 내측 하단 돌기부이고, 밖복사뼈는 무릎 아래 마디의 바깥쪽에 있는 뼈(비골: 종아리뼈)의 외측 하단 돌기부이다.

아킬레스힘줄(achilles tendon)은 종아리 뒤쪽에 있는 가자미근과 장딴지근이 모인 발꿈치힘줄을 말

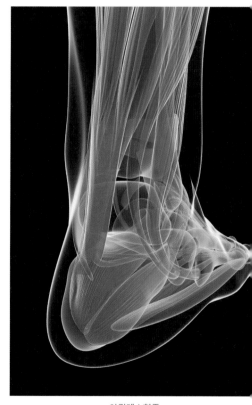

아킬레스힘줄

한다. 두 근육이 수축하면서 강력한 발바닥 굽힘을 일으켜 몸을 앞으로 내닫게(내뛰게) 하고, 달리거나 뛰어오르는 데도 큰 몫을 한다. 발꿈치뼈의 뒤쪽 위(발목 뒤)에 위치하며, 우리 몸에서 가장 크고 강력한 힘줄로 길이는 약 15센티미터이다. 이 힘줄파열(깨지거나 잘라져 터짐)이 흔한데 운동을 하다가도 툭! 하는 소리를 내면서 끊어지는 수가 있다. 완전히 끊어지면 엄청난 고통이 따르고, 걷기는커녕 혼자 힘으로 일어설 수조차 없게 된다. 그래서 아킬레스건 하면 '치명적 약점'으로 비유되고, 다치면 서둘러 두 끝자락을 잇는 수술을 해야 한다.

누울 자리 봐가며 발을 뻗어라 어떤 일을 할 때 그 결과가 어떻게 되리라는 것을 미리 살피고 행동하라는 말.

발 벗고 나서다 직극직으로 나서다.

발 벗고 따라가도 못 따르겠다 능력이나 수준 차이가 너무 심해서 경쟁 상대가 되지 못한다는 말.

발 붙일 곳이 없다 자리를 잡아 붙박이로 살거나 머물러 살 곳이 없다.

발 빠르다 알맞은 조치(대책)를 재빨리 취하다.

발 없는 말이 천 리 간다 말을 삼가야 함을 빗대어 이르는 말.

발(다리) 뻗고 자다 걱정되거나 애쓰던 일이 끝나 마음을 놓다.

발에 채다(차이다) 여기저기 흔하게 널려 있다.

발을 끊다 오가지 않거나 관계를 끊다.

발을 빼다 어떤 일에서 관계를 완전히 끊고 물러나다.

발이 넓다 아는 사람이 많아 활동하는 범위(테두리)가 넓다.

발이 닳다 매우 분주하게(바쁘게) 많이 다니다,

발이 떨어지지 않다 애착·미련·근심·걱정 따위로 마음이 놓이지 아니하여 선뜻 떠날 수가 없음을 이르는 말.

발이 뜸하다 자주 다니던 것이 한동안 머춤함(멈칫함)을 이르는 말.

발이 묶이다 활동할 수 없는 형편이 되다.

발이 잦다 어떤 곳에 자주 다니다.

제발이 저리다 지은 죄가 있어 마음이 조마조마하거나 편안치 아니하다는 말.

발톱

손톱보다 빨리 자랄까, 늦게 자랄까?

발톱(조갑, 爪甲, toenail)이란 '발가락 끝에 있는 톱'이란 뜻이리라. 발톱은 뿔같이 단단한 물질로 발가락의 끝을 덮어 보호한다. 손발톱은 피부가 변한 것으로 케라틴(keratin) 단백질이 굳어진 것이다. 신경이 없고, 잘 썩지 않으며, 불에 태우면 심한 노린내가 난다. 사실 사람만 손톱과 발톱을 구분하고, 나머지 포유류에서는 그 형태에 따라 셋으로 나누니 사람을 포함하는 영장류는 납작발톱을, 조류나 파충류는 갈고리발톱을, 소나 말들은 발굽을 갖는다.

손발톱은 일찌감치 자궁 속 태아기 때부터 생기는데 갓난이도 납작하고 조그만 손발톱이 있다. 손톱은 한 달에 3밀리미터, 발톱은 1밀리미터로 자라 손톱의 성장 속도가 오히려 발톱보다 빠르다. 그래서 "손톱은 슬플 때마다 돋고 발톱은 기쁠 때마다 돋는다."는 속담이 있는가 보다!

발톱은 발가락등 끝자락에 붙은, 반투명의 단단한 케라틴 판으로 발가락이 젖혀지지 않게 할 뿐 아니라 발을 내딛고 달리는 데 도움을 준다. 여자의 손톱 두께는 0.5밀리미터, 발톱은 1.4밀리미터

침팬지의 납작발톱

매의 갈고리발톱

말의 발굽

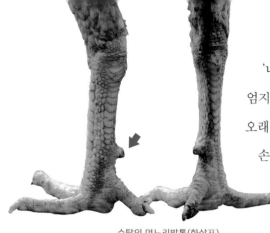

'내향성 발톱'이란 것이 있다. 엄지발톱이 바깥쪽의 살을 오래오래 누르게 될 때 생긴다. 특히 손톱깎이로 엄지발톱 바깥쪽을 깊이 깎아서 자칫 살 속에 숨은 것이나 잘리지 않은 발톱 파편(조각)이 살 속을 파고들어 생길 수 있고, 꽉 조이는 신발을 긴 시간 신었을 때도 생긴다. 발톱이 살 속으로 파고들어 빨갛게 부으면서 염증과 통증이 생긴다. 걷거나 뛸 때 가장 압박(눌림)을 많이 받는 오른발 엄지발톱에 자주 발생한다는데, 재발을 방지하기 위해서는 파고든 손발톱 판을 세로로 절제(잘라냄)해야 한다.

또 '며느리발톱'이란 말이나 소 따위의 짐승 뒷발에 달려 있는 발톱이나, 닭 같은 새들의 수컷 다리 뒤쪽에 붙은 각질의 돌기를 이른다. 수탉의 싸움발톱은 끝이 예리하고 뾰족하여 공격용으로 쓰인다. 그리고 봉숭아꽃이나 제비꽃의 꽃부리 일부가 길고 가늘게 뒤쪽으로 뻗어난 돌출부도 며느리발톱이라 하는데, 그 속에 꿀샘이 들어 있다. 암튼 옛날 며느리들은 발톱 깎을 틈도 없이 바빠서 발톱이 길쭉했던 것임을 넌지시 암시하는 말이렷다!

수탉의 며느리발톱(화살표)

가을에는 손톱 발톱이 다 먹는다   가을철에는 손톱이나 발톱도 먹을 것을 찾는다는 뜻으로, 매우 입맛이 당기어 많이 먹게 됨을 이르는 말.

고양이는 발톱을 감춘다   재주 있는 사람은 그것을 깊이 감추고서 힘부로 드러내지 아니한다는 말.

돼지 왼 발톱   올바른 틀을 벗어난 일을 하거나 남과 다른 짓을 함을 빗대어 이르는 말.

돼지발톱에 봉숭아물(을) 들인다   격에 맞지 아니하게 지나친 치장을 하다.

발톱까지 무장하다   빈틈없이 싸울 준비가 되었다.

손톱 발톱이 젖혀지도록 벌어 먹인다   남을 위하여 몹시 수고하거나, 죽을힘을 다하여 가족을 부양함을 빗대어 이르는 말.

발가락

뜻밖에 중요한 기능을 한다고?

발가락(족지, 足指, toe)은 네다리동물에만 있는 것으로 다섯 개가 보통이지만 양서류는 앞발가락이 네 개이고(뒷발가락은 다섯 개임), 오늘날의 말은 1개만 있다. 고양이 무리는 발톱으로 걷고, 사람은 발바닥으로 걸으며, 말이나 소들은 발굽으로 걷는다. 영장류의 손발가락이 5개인 것은 아마도 물건을 붙잡거나, 쓸어(끌어) 모으는 데 가장 알맞은 구조라 그런 것이 아닌가 싶다.

발가락은 사람 몸의 균형이나 체중 지탱은 물론이고, 무엇보다 몸통을 앞으로 밀어서 걷거나 달리는 것을 도와준다. 한 발, 두 발 걸으며 자기의 걸음새에서 발가락이 하는 일을 곰곰이 살펴볼 것이다. 또 엄지발가락은 까닥까닥 따로(홀로) 움직일 수 있지만, 다른 네 개는 반드시 함께(같이) 움직이니 당장 발을 쭉 펴서 발가락 놀림을 해보자.

엄지발가락에는 뼈마디가 2개, 다른 발가락들에는 3개씩이어서 한쪽 발의 발가락 마디뼈는 모두 14개이다. 그런데 기형적으로 손발가락 세 마디 중에서 2개인 경우가 있으니 이를 '단지증', 손발가

락이 6~7개인 것을
다지증이라 한다. 또
손발가락이 오리발처
럼 착 달라붙은 합지
증도 있는데 이는 모
두 염색체이상에서
오는 병석 증상이다.

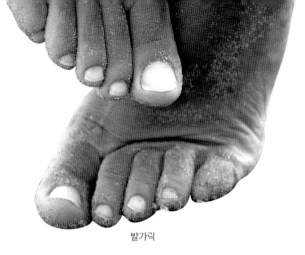
발가락

보통은 엄지발가락이 둘째 발가락보다 길지만 가끔은 둘째가 되레 엄지보다 긴 수가 있는데 이를 '모르톤 발가락증후군(Morton's toe syndrome)'이라 한다. 또 굽 높은 구두(하이힐)나 발에 맞지 않는 좁은 신발을 신어 2, 3, 4째 발가락의 첫째 마디가 굽어지는 '망치발가락증(hammer toe syndrome)'도 있다.

그런데 말이다, 팔이 없는 사람은 다리가 그 몫을 대신하고, 손이 없으면 발이, 손가락이 없으면 발가락이 대행한다. 놀랍게도 두 팔을 잃은 사람이 발가락 사이에 붓을 끼워 버젓이 그림을 그리거나 (족화, 足畵) 아무렇지도 않은 듯 피아노건반을 두드린다. 뿐만 아니라 자물쇠나 열쇠를 거뜬히 다루고, 트럼프놀이도 하며, 허드렛일도 척척 한다. 손가락이 없으면 발가락으로 산다!

걷잡을 수 없이 된통 따끔거린다는 '통풍'이라는 병이 있다. 통풍은 주로 나이 든 남성에게 생기는데 혈액에 핵산 성분(푸린, purine) 대사산물인 요산 농도가 높아지면서, 요산 결석이 관절에 쌓여 혹처럼 뚱뚱 부어오르는 병이다.

요산 결석을 현미경으로 보면 쭈뼛 날선 가시가 난 것이 길쯤한 (조금 긴 듯한) 막대토막 꼴이다. 통풍은 서양인들은 1~2퍼센트가 걸린다 하고, 유전성이 60퍼센트를 차지한다 하며, 이른바 "바람만 스쳐도 저미듯 아프다"고 하여 이런 이름이 붙었다 한다. 통풍은 50퍼센트가 엄지발가락 관절에 생기고, 발등·발목·뒤꿈치·무릎·손목·손가락·팔꿈치에도 발생한다.

무좀은 곰팡이의 일종인 백선균 때문에 생기는데 발가락 사이(주로 넷째발가락과 새끼발가락 사이)나 발바닥에 오래가고, 다시 생기는 (만성 재발성) 병이다. 백선균은 덥고 습한 환경에서 잘 번식하므로 무좀은 여름철에 많이 생기고, 특히 장마철에 증상이 심해진다. 그러므로 모름지기 발을 청결히 하며, 발가락 사이에 습기가 차지 않게 해야 한다.

그리고 티눈은 발에 안 맞는 굽이 좁은 신발을 신고 오래 걷거나, 연필을 꽉 쥐고 오래 자주 글을 쓰면 기계적인 압력 탓으로 발가락이나 손가락 피부각질층이 원뿔꼴로 두꺼워져서 피부에 야문 못이 박힌 것으로 누르면 아프다. 티눈은 칼로 걷어보면 안에 색다른, 딱딱한 핵이 들었지만 역시 오랜 누름이나 마찰(닿아 비벼짐)로 살갗이 두꺼워지고 단단해진 '굳은살'이 티눈에 비해 통증(아픔)이 훨씬 덜하다.

이런 말 들어봤니?

발가락의 티눈만큼도 안 여긴다 / 발새 티눈만도 못하다　발가락 사이에 난 귀찮은 티눈만큼도 여기지 아니한다는 뜻으로, 남을 몹시 업신여김을 빗대어 이르는 말.

발보다 발가락이 더 크다　기본이 되는 것보다 덧붙이는 것이 더 많거나 큰 경우를 이르는 말.

솜에 채어도 발가락이 깨진다　부드러운 솜에 차이고도 발가락이 다친다는 뜻으로, 대수롭지 않은 일로도 궂은일이 생김을 비꼬는 말.

발바닥

유달리 간지럼을 타는 이유는?

발바닥(족장, 足掌, sole)은 발가락부터 뒤꿈치(발꿈치)까지, 발아래의 땅을 밟는 납작한 부분으로 발바닥과 발바닥 가운데에 움푹 들어간 부위(족궁)는 두껍고 질긴 결합조직이 받쳐주고 있다. 젖먹이 때는 누구나 발바닥에 기름기(지방)가 많아 통통한 평발(납작발 / 편평족)이지만, 자라면서 족궁이 생긴다. 그러나 사람에 따라 발바닥 한가운데에 족궁이 생기지 않고 평발이 되는 수가 있다.

다시 말해 평발이란 발바닥 가운데가 구부러진 활 모양으로 휘어 굽지 않거나, 아주 낮아 편평하게 된 발로 발바닥 전체가 바닥에 닫게 된다. 평발에 체중이 실릴 때 얼마쯤 발바닥이 편평해지다가 절로 굽어지는 '유연성 편평족'과 체중과 관계없이 늘 납작한 '강직성 편평족'이 있다. 강직성 편평족인 사람은 오래 걷거나 하면 발바닥에 통증을 느낀다. 그래서 한때 이런 사람은 군대 입대가 면제되기도 하였다.

발바닥에는 털이 없으며, 온몸에서 보는 색소도 없어 흑인들까지도 손발바닥은 희다. 또 땀구멍은 많지만 기름을 분비하는 피지

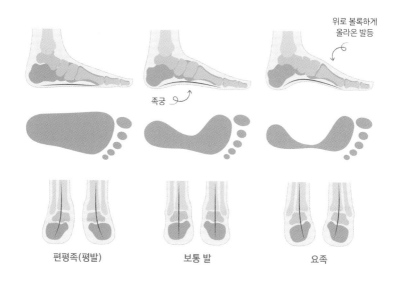

위로 볼록하게
올라온 발등

족궁

편평족(평발)   보통 발   요족

선(기름샘)이 턱없이 적은 편이고, 기름땀이 세균에 분해되어 지독
한 코린내(족취)를 낸다. 족장은 가장 혈관이 많이 분포하고 몸무게
에 짓눌린 탓에 발바닥 피부 중 가장 두껍다.

　나이가 들면 다리에 힘이 빠지고, 발바닥에 도무지 땀이 나지 않
아 미끈한 방바닥에서 낙상(낙매)을 보기 일쑤다. 또 무리하게(지나
치게) 오래 걷거나, 하루가 멀다 하고 자주 멀리 달리기를 하다 보면
발바닥 아래(족저) 근육을 싼 막(근막)이 손상을 입어 염증인 '족저근
막염'이 생기는 수가 더러 있다.

　발바닥은 아주 민감한 기관으로 발바닥 하나에 신경종말(말초신
경)이 20만 개나 퍼져 있어 유달리 간지럼을 탄다. 젖먹이도 발바닥
을 쓰다듬으면 발가락을 구부리는 발바닥반사를 일으킬 정도다. 또
한 태아 발생기부터 발바닥에 소용돌이나 말발굽 모양의 문양(무늬)

이 생기는데 이를 족문이라 하며, 족문은 지문처럼 사람마다 다르고 평생 같다.

발바닥과 관련한 풍속으로 옛적에 '동상례'란 것이 있었다. 동상례란 결혼식이 끝난 뒤에 신부 집에서, 신랑 친구들에게 음식을 대접하거나 신랑 신부의 친구들이나 친척들이 신랑 발목을 굵은 광목천으로 묶어 거꾸로 매달고는 발바닥을 때리는 등 신랑을 짓궂게 다루었다. 이렇게 온 집안이 떠들썩거리며 신랑을 골탕 먹이는 것을 '신랑 다루기'라거나 '장가 턱'이라 하여 혼사를 축하하는 행사를 벌였는데, 이런 우리 고유문화들이 속절없이 송두리째 소리 소문 없이 사라지는 것이 무척 아쉽다.

우리가 앉거나 눕지 않는 한 발바닥은 그 무거운 체중을 떠받치는, 고맙기 그지없는 존재렷다! 다른 네발동물은 몸무게를 네 다리로 나눠 버티고 떠받치지만 사람은 정작 두 다리로 직립한 탓에 발바닥이 힘에 부쳐 죽을 맛이다. 또 좋은 곳이나 싫은 데나 발이 가장 먼저 거길 들여놓는다.

곰이라 발바닥을 핥으랴 / 곰이 제 발바닥 핥듯 곰이라면 발바닥이라도 핥겠으나 발바닥도 핥을 수 없다는 뜻으로, 도무지 먹을 것이라곤 없어 쫄쫄 굶주릴 수밖에 없음을 이르는 말.

꼭뒤에 부은 물이 발뒤꿈치로 내린다 윗사람이 나쁜 짓을 하면 곧바로 그 영향이 아랫사람에게 미치게 된다는 말.

눈치가 발바닥이라 눈치(남의 마음을 그때그때 상황으로 미루어 알아냄)가 몹시 무딤을 비유하여 이르는 말.

발목을 잡히다 / 발목을 묶이다 어려운 일에 꽉 잡혀서 벗어나지 못하게 되거나 남에게 어떤 약점을 잡히다.

발바닥에 불이 나다 부리나케 여기저기 돌아다님을 비꼬는 말.

발바닥에 털 나겠다 가만히 앉아 호사스럽게 지내거나 무척 몸을 놀리기 싫어함을 비난하여 이르는 말.

발바닥에 흙 안 묻히고 살다 수고함이 없이 가만히 앉아서 편하게 산다는 말.

제집 개에게 발뒤꿈치 물린 셈 은혜를 베풀어준 자에게서 저버림(배신) 당함을 빗대어 이르는 말.

족장을 치다 혼례 후 신랑의 발바닥을 방망이로 때리다.

죽은 놈의 발바닥 같다 뻣뻣하고 싸늘함을 빗대어 이르는 말.

격화소양(隔靴搔癢) 신을 신고 발바닥을 긁으면 긁으나 마나라는 뜻으로, 꼭 필요하고 요긴한 곳에 직접 미치지 못하여 안타까운 경우를 이르는 말.

노화

왜 늙을까?

한 손에 가시 들고 또 한 손에 막대 들고
늙는 길 가시로 막고 오는 백발 막대로 치려 드니
백발이 제 먼저 알고 지름길로 오더라.

춘산(春山)에 눈 녹인 바람 건듯 불고 간데없다
잠시만 빌렸다가 머리 위에 불게 하여
귀밑에 해묵은 서리를 녹여볼까 하노라.

늙지 말고 다시 젊어져 보려 했더니
청춘이 날 속이고 백발이 다 되었구나
이따금 꽃밭을 지날 때면 죄 지은 듯하여라.

고려 말기 학자 우탁 선생의 늙음을 탄식하는 「탄로가」이다. 다음은 송강 정철의 시조다.

나무도 병이 드니 정자라도 쉴 이 없다
호화히 셨을 제는 올 이 갈 이 다 쉬더니
잎 지고 가지 꺾인 후에는 새도 아니 앉는다.

그렇다. 세상에 영원한 것은 없다. 실은 백 살을 산다고 쳐도 고작 3만 6500일인 짧고 안타까운 인생이다. 언제 어디서나, 너 나 할 것 없이, 아무리 삶에 연연(집착하여 미련을 가짐)할지라도 애오라지(겨우) 늙어 죽기 마련이다. 생로병사(生老病死)의 사고(四苦, 사람이 나고 늙고 병들고 죽는 네 가지 고통)를 누군들 피할 수 있겠는가. 죽음엔 나이가 상관없다. 어쨌거나 늙음(노화, 老化, aging)의 원인에 대해서 의견이 분분하지만 유전자시계가설, 핵산마멸가설, 세포산화가설로 설명한다.

첫째로 유전자시계가설은 말 그대로 노화는 오로지 유전적으로 일정한 시한이 있다는 것. 세포 안에 나름대로 분열 횟수가 정해져 있어서 태아 조직세포를 조직배양하면 70여 번 세포분열을 하지만 70세를 훌쩍 넘긴 노인 세포는 같은 조건에서 20~30회밖에 분열하지 못한다. 한마디로 유전자가 노화를 결정하고, 수명은 선천적이라는 것으로 장수하는 사람은 어김없이 장수 집안에서 태어난다. 젊어서는 환경·영양 섭식·생활 습관 따위가 건강에 영향을 미치겠지만 결국 내림물질인 '수명 유전자'에 명(목숨)이 매였다는 것이다.

둘째로 핵산마멸가설이다. 세포가 분열하려면 염색체가 양적으

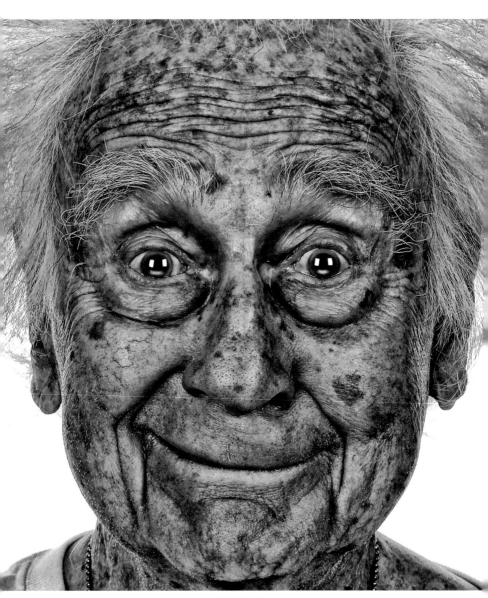

사람의 노화

로 늘어나면서 그 속의 핵산 디엔에이(DNA)도 따라서 복제(본디의 것과 똑같은 것을 만듦)한다. 연이어 DNA복제가 일어나다 보면 염색체를 보호하는 DNA 끄트머리인 텔로미어(telomere)가 구두끈이 조금씩 마멸하듯(닳아빠지듯) 줄어들어 나중에는 세포가 생명력을 잃는다는 주장이다.

셋째로 산소는 동전의 양면 같아서 세포내호흡과정에서 잠깐 존재하는 불안정한 산소가 성한 세포를 다치게 하고 죽인다는 이론이다. 이 활성산소는 세포 속 미토콘드리아 대사과정에서 생성된 것으로 매우 산화력이 강하며, 세포 단백질이나 핵산(DNA/RNA)을 변형시켜 세포가 제 기능을 잃거나 돌연변이를 일으켜 암세포가 되고, 여러 질병과 노화를 재우친다(재촉한다).

아무튼 노화방지(장수)엔 열량 제한이 으뜸이라 한다. 여러 동물 실험에서, 음식 섭취량을 30퍼센트 줄여 수명 연장에 성공했는데 이는 소식(음식을 적게 먹음)하는 사람이 건강하게 오래 산다는 경험에 들어맞는다. 젊으나 늙으나 적당한 운동을 꾸준히 하면 추레하게(겉모양이 깨끗하지 못하고 생기가 없음) 늙는 것을 늦출 수 있다.

곯아도 젓국이 좋고, 늙어도 영감이 좋다 아무리 늙었어도 오래 정붙이고 산 자기 배우자가 좋다.

늙고 병든 몸은 눈먼 새도 안 앉는다 사람이 늙고 병들어 몸져누우면 누구 하나 찾아주는 이 없고, 좋아하는 사람도 없다는 말.

늙은 말이 길을 안다 나이와 경험이 많을수록 일에 대한 이치를 잘 앎을 이르는 말. 노마지지(老馬之智)라고도 한다.

늙을수록 느는 건 잔소리뿐이다 나이 먹으면 연신 잔말이 심해진다.

다 늙어 된서방을 만난다 늙어갈수록 신세가 더 어려워져감을 뜻하는 말. '된서방'이란 몹시 까다롭고 독한 남편을 일컫는다.

영감 밥은 누워 먹고, 아들 밥은 앉아 먹고, 딸 밥은 서서 먹는다 남편 덕에 먹고 사는 것이 가장 편하고, 아들의 부양을 받는 것은 그보다 편하지 않으며, 시집 간 딸의 집에 빌붙어 사는 것은 매우 어려움을 비꼰 말.

익은 감도 떨어지고 선감(땡감)도 떨어진다 늙어서 죽는 사람도 있고 젊어서 죽는 사람도 있다는 뜻으로, 사람은 자기 명에 따라 죽게 마련임을 빗대어 이르는 말.

젊은이 망령은 홍두깨로 고치고, 늙은이 망령은 곰국으로 고친다 아이들이 잘못했을 땐 엄하게 다스려야 하고, 노인은 그저 잘 위해드려야 함을 빗댄 말. '망령'이란 정신이 흐려서 말이나 행동이 정상을 벗어난 것을 말한다.

사람

동물과 무엇이 다를까?

사람(인간, 人間, human)은 영장류, 사람과에 속하는 동물로 현생 인간은 호모사피엔스(Homo sapiens)의 일종으로 분류된다. 사람과 가장 가까운 침팬지 등의 유인원과 비교하여 여러모로 다른 것은 직립보행 탓이다. 더군다나 사람은 짐승 살코기(육류)를 먹음에 따라 지능(두뇌)이 발달했을뿐더러 장수하게 되었다고 한다. 물론 모든 인류 이야기는 오직 오래전 화석이 된 인골(사람 뼈)을 가지고 고인류학자들이 어림짐작한 것일 뿐이다.

사람은 하루아침에 급작스레 불쑥 생겨난 것이 아니라 약 600만 년이 넘는 긴 세월 동안 두뇌가 발달하면서 말과 글을 쓰게 되었고, 손재주가 늘면서 도구(연장)를 만들었으며, 사냥하고 열매·채소를 모으던 것에서 1만여 년 전, 농경(농사짓기)과 가축화(들짐승을 집짐승으로 길들임)를 시작하였다.

덧붙여 보면 사람은 1)무엇보다 나무에서 살다가 땅으로 내려와 직립보행 하면서 상대적으로 상체가 줄어 팔보다 다리가 길어지고, 2)척추가 S자로 휘었으며, 3)뒤꿈치가 발달하면서 발바닥이 넓게

유전자가 99퍼센트 가까이 일치하는 침팬지와 사람

편평해지고 엄지발가락과 다른 발가락이 서로 맞닿지 않아 걷기에 편하게 되었다. 4)또 손이 정교해지면서 도구를 만들어 썼으며, 5)인두(식도와 후두에 붙어 있는 깔때기 모양의 부분)와 설골(혀뿌리에 있는 뼈)이 아래로 처지면서 말을 할 수 있었고, 글을 써서 문화를 이어왔으며, 6)뇌 앞쪽이 커지면서 으레 이마가 나오고, 외려 미간이 짧아지며, 코가 우뚝 솟고, 턱 끝이 튀어나왔으며, 눈 위(뼈)가 펑퍼짐해졌다.

다음은 사람과 공동 조상으로부터 갈라져 나온 침팬지와 사람과의 차이점에서 사람 특징을 더 살펴본다. 1)사람과 침팬지는 유전자(DNA)가 거의 99퍼센트 일치하지만 유전자의 집합체인 염색

체는 그 수가 사람이 46개, 침팬지(유인원들)가 48개이고, 2)사람 뇌
는 주름이 지면서 부피가 1,350밀리리터인데 침팬지는 밋밋한 것
이 고작 370밀리미터이며, 3)사람은 사회성이 있어서 친구가 평균
150~200명이나 되지만 침팬지는 기껏 50명 정도이다. 4)침팬지는
단순한 소리로 의사소통을 하지만 사람은 더할 나위 없이 발달한
성대(목청)로 여러 복잡한 소리를 내며, 5)둘은 잡식성이지만 침팬
지는 하루 종일 먹고, 사람은 보다 육식성이라 하루 세 끼로 영양공
급을 하고, 6)사람은 부부가 짝을 짓지만 침팬지는 정해진 짝이 없
다. 7)사람은 뒷다리로 발딱 서서 걷지만 침팬지는 잠깐은 설 뿐 네
다리로 걷고, 8)사람 눈은 홍채 둘레가 희지만 침팬지는 검은 갈색
이다.

　그리고 약 500만 년 즈음, 같은 조상의 아프리카 유인원들 중에
서 제일 먼저 긴팔원숭이와 오랑우탄이 사람 줄기에서 갈라져 나
가고, 다음에 고릴라와 침팬지가 다른 가지를 쳐 나갔다고 본다. 그
래서 원숭이나 유인원이 우리 사람과 같은 뿌리에서 생겨났지만
결코 그들이 우리의 조상은 아니라는 것.

　어쨌거나 인류의 진화(변화)는 워낙 알쏭달쏭한지라 봉사(장님)
코끼리 만지듯 어렴풋이나마 조상들의 삶이 머물렀던 족적(흔적)을
살펴본 것으로 만족할 뿐이다.

이런 **말** 들어봤니?

곡식과 사람은 가꾸기에 달렸다　곡식은 부지런히 손질하고 보살펴야 잘되고, 사람은 어려서부터 잘 가르치고 이끌어야 훌륭하게 됨을 빗댄 말.

사람 나고 돈 났지 돈 나고 사람 났나　돈밖에 모르는 사람을 나무라는 말.

사람 몸이 천 냥이면 눈은 구백 냥이다　사람에게서 눈이 매우 중요함을 강조하여 이르는 말.

사람 세워 놓고 입관하겠다　행동이나 말이 지나치게 모질고 독하다는 말.

사람 속은 천 길 물속이라　사람 속마음을 알기란 매우 힘듦을 이르는 말.

사람 위에 사람 없고 사람 밑에 사람 없다　사람은 다 평등하다는 말.

사람과 산은 멀리서 보는 게 낫다　사람을 가까이 사귀면 멀리서 볼 때 안 보이던 결점(모자람)이 다 드러난다는 말.

사람은 헌 사람이 좋고 옷은 새 옷이 좋다　물건은 새것이 좋고 사람은 오래 사귀어 정이 깊어진 사람이 좋다는 말.

사람을 왜 윷으로 보나　윷놀이에서 윷가락 네 쪽이 다 엎어졌을 때를 '모'라고 하는 데서, 사람을 왜 바로 보지 않고 모로 보나 하는 뜻을 놀림조로 이르는 말.

사람이 세상에 나면 저 먹을 것은 가지고 나온다　사람은 잘났든 못났든 누구나 다 살아 나갈 방도(방법)가 있다.

인간 같지 않다 / 사람 같지 않다　사람으로서 마땅히 지녀야 할 품행이나 덕성이 없다는 말.

인간 구제는 지옥 밑이라　사람을 곤경에서 구해주고도 도리어 그로부터 해를 입게 되는 경우가 많음을 비유하여 이르는 말.

인간 만사는 새옹지마라　인간의 길흉화복은 돌고 돈다는 뜻으로, 인생의 덧없음을 비유한 말.

인간은 고해(苦海)라　괴롭고 힘든 인생살이를 비유하여 이르는 말.

인간은 만물의 척도　인간이 모든 것을 판단하는 기준이 된다는 말.

인사유명(人死留名), 호사유피(虎死留皮)　사람은 죽어 이름을 남기고 범은 죽어 가죽을 남긴다는 뜻으로, 생전에 보람 있는 일을 해놓아 후세(미래)에 이름을 떨칠 수 있음을 이르는 말.